Chemins de l'in(ter)disciplinarité

Connaissance, corps, langage

Ouvrage publié avec l'aide de la Société Académique Vaudoise.

Société
Académique
Vaudoise

D/2019/4910/2 ISBN : 978-28061-0439-7

Grand'Place, 29

B-1348 Louvain-la-Neuve

www.editions-academia.be

Groupe π

Réunis en une seule voix, celle du Groupe π,
les auteurs de l'ouvrage sont

Lazare Benaroyo, Anne-Claude Berthoud,
Jacques Diezi, Gilles Merminod,
Alain Papaux, Françoise Schenk,
Jean-Claude Usunier et Henri Volken.
Sont ainsi représentés et conjoints les domaines suivants :
droit, économie, éthique, linguistique, mathématiques,
médecine, philosophie, physiologie et psychologie

Chemins de l'in(ter)disciplinarité

Connaissance, corps, langage

academia
L'Harmattan

AVANT-PROPOS

Histoire d'interdisciplinarité

Cet ouvrage émane de la Plateforme interdisciplinaire (π), groupe informel qui, à l'Université de Lausanne, mène et encourage les réflexions interdisciplinaires entre sciences de la nature et sciences de la culture, imaginant de nouvelles formes de collaboration entre disciplines peu habituées à dialoguer au sein de l'université. Le groupe π est lié avant tout par la conviction que des regards croisés sur la science rendent le meilleur service à son développement, aussi bien en termes de qualité qu'en termes d'originalité et de créativité.

Cet ouvrage raconte l'histoire d'un long chemin de découverte, d'une démarche exploratoire qui prend à bras le corps la complexité de ces regards croisés, où les champs disciplinaires se recouvrent, se mêlent et s'inter-fécondent, tout en réinterrogeant leurs frontières. Une histoire aux mille contours, qui invite à penser que l'essentiel émerge plus des lieux de divergence que des points de convergence, des désaccords que des accords, des points de butée que des passages lisses. Il faut parfois buter sur les mots pour les voir, buter sur les concepts pour les réinterroger. Telle cette vitre que l'on ne voit que lorsqu'elle devient opaque...

Repérer des points de rupture

Les noyaux de résistance que sont les intraduisibles interdisciplinaires et les vides symboliques qu'ils provoquent nous engagent à revisiter nos propres concepts et démarches disciplinaires. Ils nous conduisent à les regarder autrement, tout à la fois à les envisager de plus loin et à les examiner de plus près, à adopter un regard « méta » afin de les inscrire dans de nouveaux réseaux conceptuels et à les scruter en profondeur pour en saisir la granularité. Ce double effet de zoom conceptuel, d'éloignement et de rapprochement, en révèle des facettes insoupçonnées, telles de nouvelles lunettes posées sur le monde, qui nous invitent à un dépaysement conceptuel salutaire pour la construction, la circulation et la transmission des connaissances. Par le regard de l'autre, l'interdisciplinarité nous conduit aux fondements mêmes de notre discipline, elle nous donne accès à nos propres invariants.

Ces « points de butée », ces lieux d'incompréhension mutuelle, constituent des jalons essentiels dans la construction des savoirs. Ils permettent de remettre en question l'illusion de la transparence des concepts, l'illusion de se comprendre. « La compréhension n'étant qu'un cas particulier de malentendu... », selon l'adage du linguiste Antoine Culioli. Les malentendus conceptuels, les malentendus scientifiques, tout en nous contraignant à des détours, tant formels (reformulations, paraphrases, explicitations) que sémantiques (définitions, explications), loin de nous faire perdre du temps, nous amènent au contraire à la quintessence des savoirs. En revisitant des savoirs que nous pensions maîtriser, ces détours deviennent le garant de leur épaisseur, de leur richesse, de leur densité et dès lors de leur qualité et de leur puissance matricielle.

Identifier des attracteurs inatteignables

Dans ce sens, l'intercompréhension n'est jamais qu'un horizon ultime dont on tend à se rapprocher (à l'instar de ces absolus qui ne peuvent se manifester dans le « réel » que nous partageons, quelle qu'en soit la forme : le zéro, l'infini ou l'identique, par exemple), un but dont l'intérêt réside plus dans le processus pour y parvenir que dans son atteinte. Le décalage est consubstantiel du « faire sens », de l'information, qui, dans le système nerveux comme dans les sciences humaines, émerge toujours de l'extraction d'un contraste, d'un écart, donc d'un « entre ». Une marge d'interprétation se pose toujours comme un espace de liberté, elle garantit la dynamique du sens. Ainsi, le sens n'est-il jamais qu'une approximation de sens, un rapprochement, un apprivoisement du sens, par hypothèses successives, par conjectures. Et en cela, l'échange interdisciplinaire où ces décalages sont plus importants encore, produit un effet de loupe salutaire, il rend plus manifeste le caractère de défi et de pari que comporte tout échange scientifique. Un défi qu'il s'agissait de relever, en se réunissant autour d'objets particulièrement révélateurs, de « formes pleines de sens », qui allaient être autant d'attracteurs tout au long de nos explorations communes, montrant à la fois la complexité et la richesse de nos regards croisés.

Faire le pari du sens

Les objets qui constituent la matière de la première partie de l'ouvrage sont le *placebo* et la *symétrie*. À ces deux objets s'en est ajouté un troisième, dont il est fait état dans la seconde partie du livre : la *science*, considérée dans ses relations au *langage* et à la *connaissance*. Ces trois objets – *placebo*, *symétrie* et *science* – se sont progressivement posés, proposés et imposés au cours de nos échanges, portant en eux-mêmes la trame de nos aventures communes, une trame inscrite dans une logique du sens.

De fait, ces trois objets montrent de manière particulièrement éclairante en quoi toute connaissance est inscrite de façon spécifique dans un langage, qui tout à la fois la manifeste et la construit. *Placebo*, *symétrie* et *science* déclinent, à leur façon, trois modes distincts du *faire sens*. Ainsi que nous le verrons, le *placebo* relève de l'indice, appelant une relation existentielle (continuité, contiguïté ou causalité) entre le signe et son objet ; la *symétrie* relève, quant à elle, de l'icône, c'est-à-dire d'une relation analogique (ressemblance) entre le signe et son objet ; enfin, la science relève traditionnellement du *symbole*, se caractérisant par une relation conventionnelle entre le signe et son objet.

Nos trois objets racontent ainsi tour à tour trois histoires de sens, expriment trois façons de *faire sens*, trois modes d'approche du sens, en termes indiciels, iconiques et symboliques. Ils concourent surtout à montrer que pris dans un contexte, saisis dans une histoire, inscrits dans un discours, tous les signes deviennent des *indications de sens*. Ils ne sont jamais que des hypothèses, des conjectures, des paris sur le sens. Il s'agit dès lors d'un sens pris dans l'action, qui émerge de l'interaction, d'un sens contextuel à toutes fins pratiques, « an enacted meaning » ; il s'agit également d'un sens pris dans une matérialité, une corporéité, « an embodied meaning ».

S'orienter vers des analogies

L'histoire que raconte ce livre s'inscrit dans le cadre d'une cognition située, voire d'une métacognition située, c'est-à-dire d'une approche constructiviste, co-constructiviste et réflexive de la connaissance. Une approche constructiviste, dès lors que chaque parole institue, au moment où elle est énoncée, l'univers dont elle parle – les objets du monde deviennent des objets de discours. Une approche co-constructiviste, au sens où dès qu'un locuteur prend la parole, il pose en face de lui un interlocuteur qui participe directement à cette construction. Les objets de discours s'élaborent, se négocient pas à pas dans la réciprocité des perspectives. Il s'agit en quelque sorte d'un exercice explicite de « co-pensée » qui assume la dimension nécessairement sociale de l'activité scientifique ; un exercice de « compréhension » qui se voit exacerbé dans l'interaction interdisciplinaire à la recherche d'un espace de compatibilité, d'un « terrain d'entente », d'une convergence.

C'est précisément cette recherche de convergence, dans un mouvement qui intègre la divergence comme telle, qui nous a conduits à suivre des schèmes de pensée communs, analogiques, fondés sur les mêmes métaphores, des métaphores archétypiques, qui ont largement présidé ici au choix du *placebo* et de la *symétrie* comme objets, comme « pierres de touche » de notre histoire, en ce qu'ils abritent des isomorphismes. Ainsi, pour le *placebo*, c'est la *ruse* qui passe d'une forme à l'autre sans transition repérable, alors que pour la *symétrie*, il s'agit de cet attracteur qui annonce la recherche de l'*identité* tout en subissant les actions de l'environnement qui – en dehors du monde mathématique – s'obstinent à ne produire que du *presque même*.

Par leur degré d'abstraction, ces métaphores sont susceptibles de s'exercer dans diverses disciplines, tout en appelant une attitude réflexive sur les objets de savoir, un recul, une prise de distance, qui s'imposent pour nous comme condition même de toute négociation interdisciplinaire. En retour, le travail interdisciplinaire sur des objets tels le *placebo* ou la *symétrie* engage à reconsidérer ce qu'est ou ce que fait la *science*, toute prise qu'elle est dans un monde de symboles, eux-mêmes pris dans un monde d'individus, de corps, interagissant.

Tirer profit de la diversité des traditions

Les savoirs et savoir-faire émergent de communautés de pratiques (cultures académiques, traditions disciplinaires, guildes d'artisans, écoles professionnelles, *etc.*), qui ont leur propre langage, aussi bien en termes de réseaux conceptuels, de schémas discursifs que de modes d'interaction. C'est justement cette diversité – qui pose *a priori* la difficulté majeure de l'interdisciplinarité – dont nous désirons tirer profit, non pas en produisant des objets de savoir consensuels, mais en en extrayant des concepts qui sont à la base de ces différentiations, en travaillant à partir des tensions qui se tissent entre « même et autre », notamment.

Ces différentes pratiques interviennent de façon configurante sur les savoirs et les savoir-faire. Elles jouent un rôle structurant, aussi bien en termes conceptuels que discursifs et interactionnels dans la construction, la circulation et la transmission des connaissances. D'où l'illusion d'un accès direct au réel, de la transparence des langues et de l'universalité des modes de communication, considérés comme de simples véhicules au service des idées et des découvertes.

Quel immense défi que de se comprendre à travers l'épaisseur des couches conceptuelles, discursive et interactionnelle des différentes cultures disciplinaires ! Un défi relevé par un recours aux métaphores notamment, qui deviennent en quelque sorte un moyen par lequel nous pouvons assumer toute l'hétérogénéité et toute la complexité de ces cultures, tout en soulignant cependant que, dans la diversité de nos disciplines, nous sommes responsables de nos outils de médiation.

Ce dernier point est d'importance. Nous devenons médiateurs en mettant en première priorité l'invocation de connaissances dont nous pouvons dire pourquoi et comment elles sont invoquées. Ce n'est qu'à cette condition que nous pouvons y chercher des isomorphismes, saisis à travers toutes les dimensions du champ scientifique, qu'elles soient conçues en termes de structures ou en termes de processus, en termes théoriques ou en termes pratiques.

L'autre versant de la solution de continuité...

Si les savoirs pris dans l'action et dans l'interaction nous conduisent à revisiter les frontières disciplinaires, l'histoire racontée dans cet ouvrage est aussi une histoire d'*indisciplinarité*, qui invite à reconsidérer les frontières au sein du champ scientifique lui-même. Elle conduit à une conception de la science où se dissolvent les frontières entre théorie et pratique, où se mêlent et s'intriquent théorie et pratique. Elle mène à une conception abductive de la science où la théorie émerge des pratiques en même temps qu'elle les configure, à la manière de « ce sentier que l'on dessine en marchant ». Cette « enacted science » devient aujourd'hui une « embedded science », une science engagée, qui instaure un nouveau rapport entre la science et le monde dans lequel elle est construite, et qui remet en question l'opposition entre science fondamentale et science *appliquée* au profit d'une science *impliquée*, impliquée parce qu'elle est fondamentalement, viscéralement « embodied », incarnée, prise dans la matérialité de nos corps.

PARTIE I

De deux attracteurs dans le monde du savoir

Placebo

VRAI-SEMBLABLE OU FAUX-SEMBLANT ?

> Pourquoi les médecins cherchent-ils d'avance la créance de leur patient avec tant de fausses promesses de guérison, si ce n'est afin que l'effet de l'imagination supplée à l'imposture de leur décoction ? Ils savent ce qu'un des maitres de ce métier leur a laissé par écrit, qu'il s'est trouvé des hommes à qui la seule vue de la médecine faisait effet.
>
> (Montaigne, *Les Essais*)

Placebo, agent double ou agent trouble ?

Ce phénomène – ce mot ? – est resté une pierre d'achoppement dans la recherche biomédicale, surtout dans les études pharmacologiques. Comme une sorte d'artefact à éliminer, l'acteur de supercheries douteuses, bref, un semeur de trouble à la fois bienveillant et redoutable, subversif à sa manière. Il est susceptible de mettre en échec une approche purement rationnelle et scientifique, il pourrait valider des traitements obscurs, voire obscurantistes. Il souligne la part des transformations physiologiques du sujet sous l'effet de sa relation à son entourage.

La tentation est grande de le désavouer clairement, pour éviter qu'il ne jette le discrédit et le doute sur des traitements fondés scientifiquement. Mais le rusé placebo s'entête, il résiste à une telle destitution. Puisque c'est un mot, il appartient à ses utilisateurs, il échappe au pouvoir de la science. Son fan club est vite repéré. Il regroupe tous ceux qui ont besoin d'arguments simples et à première vue imparables. Complètement obscur dans ses fondements, placebo joue la transparence. Il offre à des phénomènes inattendus l'explication incontestée... qui n'en serait pourtant pas une. « Mais bien sûr, c'est un effet placebo », circulez, il n'y a rien à voir !

Il a même poussé les chercheurs à établir le profil génétique des personnes chez lesquelles une telle réponse est particulièrement probable ! On le chasse par la porte, il veut sortir par la fenêtre.

Force est donc de se concentrer sur cette personnalité multiple et insaisissable en mobilisant des ressources au carrefour des approches disciplinaires. En questionnant l'origine du terme, ses nombreux aléas dans la recherche clinique, ses démêlés avec une causalité trop mécaniste, son ancrage dans un contexte relationnel, dit parfois contexte de soin ou « contextual healing ». En soulignant que l'évolution récente de la psychophysiologie révèle un sujet simulateur de son futur, susceptible de se modifier biologiquement pour donner corps aux transformations qu'il peut ainsi envisager. En faisant la part du sujet dans son devenir, sans cependant l'affirmer en mesure de faire des choix délibérés et réussis, comme le soulignent les aléas de la pensée psychosomatique depuis une quarantaine d'années. Si le sujet est acteur de son devenir somatique, il n'est certes pas le seul et les actions par lesquelles ce devenir somatique passe restent bien obscures. Tout comme placebo, elles échappent certainement à un contrôle volontaire explicite.

Phénomène vraisemblable ou faux-semblant ?

Le terme placebo est devenu si familier que ce sens commun affaiblit la curiosité qu'il devrait éveiller. Cette usure par la dénomination courante a banalisé de nombreux termes[1] et le phénomène placebo n'échappe pas à cette anesthésie de la curiosité[2]. À tel point que Tobie Nathan et Isabelle Stengers soulignent qu'il peut être défini comme « ce qui fait guérir pour de mauvaises raisons » (Nathan et Stengers 2012). Il met en question la rigueur scientifique dans l'évaluation des effets cliniques d'un traitement pharmacologique et dans le langage courant, reçoit la mission de rendre compte de tout traitement qui n'aurait pas produit les effets attendus prévus par des explications scientifiques reconnues. Il fait des patients des objets vulnérables à toutes sortes de manipulations parasites. Enfin, l'affirmation « c'est dans la tête », par laquelle on l'éludait au siècle dernier, a fini par se matérialiser dans les endorphines et leurs récepteurs, l'explication qui a fourni un mobile « scientifiquement fondé » à la pratique du jogging.

Cependant on ne peut éluder la dimension « magique », échappant en grande partie au contrôle conscient et à l'explication scientifique, du phénomène placebo. C'est bien le sujet lui-même qui traduit son contexte en vue d'une réponse placebo, ou d'une réponse nocebo (à savoir, une réponse non pas tournée vers une amélioration mais vers une détérioration). Cette traduction est donc bien une lecture de signes, la mise en relation d'éléments extérieurs au sujet avec des processus internes sur lesquels les intentions conscientes ont tout au plus un retentissement indirect.

La physiologie de ce phénomène soulève deux questions distinctes. Pourquoi et à quelles conditions est-on en droit de considérer qu'il s'agit d'une adaptation dynamique à un changement anticipé ? La seconde question vise à comprendre comment, et surtout pourquoi, la douleur peut être modulée, à travers l'effet placebo, par le sujet même qui la ressent. Ce qui va nous entraîner vers quelques réflexions

---

[1] Tels les enzymes (par la lessive qui en contenait), les sucres lents (par leur promotion pour prévenir le diabète). Et même les acides nucléiques (puisqu'il est conseillé aux entreprises d'introduire des routines efficaces « dans leur ADN »).

[2] Cette anesthésie est certainement une forme de défense par rapport à la complexité du savoir en question.

physiologiques concernant les mécanismes adaptatifs et leur évaluation par la douleur.

Dans ce chapitre, nous allons distinguer entre la matérialité simple du traitement (le plus souvent l'administration d'un médicament) et son effet (par exemple, la réduction de symptômes). En effet, le placebo ne peut avoir lui-même le statut d'une cause produisant des effets : de quoi pourrait-il être la cause puisqu'il est censé être un stimulus neutre, une illusion ? Quel que soit le placebo, une grosse pastille rouge, une injection ou la présence d'une blouse blanche, il peut agir sur le patient. On pourrait dès lors être tenté d'abandonner – sans vraiment le dire – le terrain de la recherche médicale pure et de ses dispositifs expérimentaux soigneusement contrôlés, imprégnés par la rationalité scientifique, pour ne garder que le soin, que l'heureuse conséquence des illusions dans l'optique d'un thérapeute habile qui considère cette heureuse conjecture comme un élément de connaissance pratique.

La première partie de ce chapitre traite de l'étymologie du mot *placebo* et du développement progressif de son utilisation en recherche médicale et pharmaceutique. Elle montre comment la pratique scientifique des essais de substances actives comparés avec un traitement dit placebo, celle des essais dits contrôlés, s'est développée à partir d'un malentendu de traduction. En effet, dans une de ses premières acceptions, placebo signifiait « faire-semblant » pour plaire à autrui. La feinte reste présente dans la mesure où l'administration du placebo en lieu et place du traitement actif est généralement effectuée à l'insu du patient en procédure de simple aveugle ; cette feinte est apparemment le fait du thérapeute. La mystification du sujet s'accroît encore avec l'introduction d'une procédure de double aveugle où l'expérimentateur ignore également à qui a été administré le placebo et à qui le principe actif. On évite ainsi le biais que cette connaissance pourrait introduire dans la récolte et le traitement des données, l'analyse des résultats et leur interprétation. Cette mystification devient encore plus troublante quand elle cesse de l'être, c'est-à-dire si des effets heureux demeurent lorsque l'expérimentateur et le patient ou le sujet savent que le placebo en est bien un. Le rationalisme strict d'une science rigoureuse et théorique paraît difficilement tenable devant la ruse et l'habileté d'une pratique qui respecterait ce qui marche, guérit et fait du bien, sans pour autant tout à fait le comprendre. Or, la médecine scientifique repose sur une compréhension théorique, pas uniquement sur un empirisme aveugle.

Dans une deuxième partie, on explique l'effet placebo à partir des recherches qui évaluent la part du placebo et celle du traitement « réel » dans les processus thérapeutiques. On montre qu'il est pour le moins difficile de faire la part des choses, même en distinguant les différents types de stimuli qui peuvent conduire à un effet placebo. Il est alors nécessaire d'envisager une sémiologie du placebo qui prend en compte l'individu, car c'est lui qui interprète des signes iconiques, indiciels, symboliques. Il est pertinent de réintroduire l'individu dans notre tentative de comprendre le placebo. Le discours scientifique tend à réifier les sujets de ses expériences. Ce faisant, il ignore les théories que les individus peuvent eux-mêmes avoir de leur processus de guérison. Ces théories sont souvent qualifiées de vernaculaires, elles n'en sont pas moins pertinentes : elles créent des attentes reconnues, explicitement ou non par le sujet, qui peuvent influer sur le fait d'aller mieux, d'avoir moins mal, voire de guérir. Autrement dit, dans le cas du placebo, ce ne sont pas uniquement les théories des scientifiques, ni même leurs pratiques qui comptent, mais aussi celles des individus qu'ils manipulent dans le but – infiniment respectable – de faire progresser la connaissance.

La troisième partie est fondée sur des avancées récentes en psychophysiologie, essentiellement centrées sur le sujet individuel. Elle décrit comment la dynamique de l'effet placebo peut s'expliquer finalement à travers des stratégies adaptatives qui visent à prévenir la perturbation. Ces réponses résultent d'anticipations faites par les sujets et d'un couplage complexe entre physique et mental. Cette incessante dynamique d'élaboration de conjectures peut se redéfinir en termes d'abduction, tant l'individu est pris dans un processus d'interprétation modifiant tout à la fois son environnement et ses décisions. Dans le cas de la douleur, la réponse placebo influe sur le même type de processus avec souvent une réduction de la douleur ressentie.

Afin d'embrasser les différentes dimensions en jeu dans le placebo, nous mettons en lien perspectives épistémologique, sémiologique et ontologique. Cette triade est pour nous indispensable et indissociable dans une approche interdisciplinaire.

Histoire du placebo : du mot aux pratiques médicales et expérimentales, et retour

Dans notre entreprise de compréhension de la notion placebo, il convient tout d'abord de se demander *qui il est, d'où il vient, dans quel contexte il est situé*, à l'égal du patient à qui on va l'administrer. C'est la raison pour laquelle on considère en premier lieu le trajet historique de ce mot : de son origine latine et biblique à ses diverses pérégrinations dans les langues et les cultures. Cette trajectoire souligne une alliance heureuse entre un JE et un TU[3] que la médecine expérimentale va bientôt s'efforcer de déconstruire pour se distinguer des pratiques de charlatans. Il fallait donc montrer que l'efficacité d'un traitement dépendait de celui-ci quelle que soit la relation entre les partenaires de la rencontre thérapeutique.

L'origine biblique

Placebo, en latin, signifie « je plairai ». L'usage de ce terme dans le sens qui va nous intéresser ici provient d'une traduction de la Bible réalisée par Jérôme d'Hippone à la fin du IVe siècle de l'ère chrétienne (Aronson 1999 ; Finiss *et al.* 2010). Saint Jérôme avait été sollicité par le pape Damase pour réaliser une nouvelle traduction latine de la Bible, rendue nécessaire par la multiplicité des versions existantes dont la fidélité aux textes d'origine s'était perdue. Pour l'Ancien Testament de cette Vulgate, Jérôme réalisa une traduction en latin à partir d'originaux hébreux. C'est elle qui donne naissance à la singulière destinée du mot « placebo ». En effet, le verset 9 du Psaume 116 se lit, dans une traduction correcte de l'hébreu : « ... pour que je marche devant le Seigneur au pays des vivants » (Traduction œcuménique de la Bible). Or, dans la version de Saint Jérôme, on lit : « ... je

---

[3] Si l'on cherche à plaire, n'est-ce pas toujours à quelqu'un ?

plairai ("placebo") au Seigneur au pays des vivants ». Comme ce verset était chanté aux Vêpres lors l'Office des Morts, le mot « placebo » par lequel il commençait fut utilisé progressivement pour désigner l'entier de ce service. Dès le XIIIe siècle, placebo désigna les chanteurs de cet office qui attendaient, comme rétribution de leur engagement, une juste récompense de la part de la famille du défunt. Il est difficile de suivre la trace du placebo dans le domaine français, et on le trouve ensuite en anglais pour désigner le flatteur et sycophante. Geoffrey Chaucer, auteur des *Contes de Canterbury* à la fin du XIVe siècle, évoque ceux qui se consacrent à « chanter Placebo » pour flatter les puissants :

> Prenez donc garde à la façon dont vous jouez avec les seigneurs.
>
> Chantez Placebo et pour ma part je ferai de même si je puis,
>
> sauf s'il s'agit d'un pauvre homme.
>
> À un pauvre homme on doit dire ses vices,
>
> Mais non à un seigneur, dût-il aller en enfer.

Ou encore :

> Les flatteurs... sont comme Judas qui a trahi Dieu...
>
> Ils sont les chapelains du Diable,
>
> à chanter sans cesse Placebo.

Au cours des siècles et à travers les cultures, placebo se sécularise, acquiert une connotation péjorative et, par extension, désigne aussi des individus flatteurs, flagorneurs, parasites, intrigants. Anecdote amusante, en Normandie, la désignation de « placebo » était réservée à l'élève rapporteur, qui souhaitait ainsi faire plaisir à ses maîtres (Kissel et Barrucand 1964 ; Rey 1998).

L'irruption du placebo dans l'univers médical et utilisation moderne du terme

Au XVIIIe siècle, le mot placebo va resurgir dans le contexte médical. Les raisons de cette réapparition ne s'expliquent pas précisément. Nonobstant, l'apparition du placebo dans un tel contexte est peut-être liée au recours à des éléments de référence et de contrôle dans la médecine. Cette tendance se retrouve dans de nombreux autres contextes (religieux, économiques et professionnels) dès la fin du Moyen Âge : il s'agissait notamment de pouvoir mettre une limite au charlatanisme médical ou de mieux cerner les troubles de l'esprit et du comportement de certains individus dans le domaine religieux. Ainsi, le XVIe siècle, durant lequel la Réforme puis la proclamation de l'Édit de Nantes agitent les milieux catholiques, voit fleurir les pratiques d'exorcisme qui visent aussi bien à affirmer l'autorité apostolique qu'à chasser les démons. La présence démoniaque chez les possédés était mise en évidence notamment par les effets dramatiques de l'eau bénite sur les suspects. Mais les autorités, aussi bien politiques que religieuses, tentèrent de mettre un terme aux abus de ces manifestations fort populaires. Ainsi, une jeune femme de Romorantin, Marthe Brossier, accusée par sa famille en 1599 d'être possédée par Belzébuth, fut soumise à de nombreuses séances d'exorcisme, au cours desquelles sont accusés notamment les Huguenots. Une commission d'enquête nommée par Henri IV va tester précisément la réalité de l'effet de l'eau bénite en administrant à la jeune femme de l'eau normale qui lui est présentée comme eau bénite, et inversement : une étude en simple aveugle ! Les crises diaboliques ne montrant aucune corrélation avec la nature de l'eau, la jeune femme fut finalement placée sous juridiction temporelle, laquelle conclut à l'absence d'esprit malin et renvoya Marthe chez elle.

Dès le XVIIe siècle, de nombreuses disputes opposant médecins orthodoxes et « charlatans » ont également justifié des recours à des essais en « simple aveugle ». Néanmoins, la réapparition du terme « placebo » dans un véritable contexte médical date de la fin du XVIIIe siècle.

Il apparaît que la première utilisation « moderne » du mot placebo en médecine est attribuable à un médecin écossais renommé, William Cullen, qui utilisa le terme à plusieurs reprises dans une série d'exposés qu'il présenta en 1772 à Édimbourg. Selon ses descriptions, il en fit usage chez un patient atteint d'une maladie en phase avancée. Il s'agissait donc de réconforter le patient, faute de traitement efficace.

Cullen espérait pouvoir ainsi faire quelques observations intéressantes jusqu'au moment du décès. Cullen prescrivait des placebos « impurs », c'est-à-dire des substances en principe actives mais administrées à des doses très faibles, sans intention curative, ni effets secondaires. La popularisation du placebo en médecine allait se confirmer par son introduction dans un ouvrage de référence, le *New Medical Dictionary*, dès 1785 (le mot *placebo* étant encore absent dans l'édition de 1775).

La fin du XVIIIe est particulièrement active dans la recherche et la caractérisation de nouvelles thérapies, avec des résultats variables, mais qui mettent en œuvre des procédures de plus en plus rationnelles pour en évaluer l'efficacité. C'est l'époque où Hahnemann (après avoir traduit des œuvres de Cullen !) commence à établir les bases de sa doctrine homéopathique. C'est également l'époque où les succès stupéfiants du magnétisme animal de Mesmer, à Paris, conduisent les autorités à mettre sur pied en 1784 une commission d'enquête, présidée par Benjamin Franklin, qui utilisera un protocole de « simple aveugle » pour conclure que le magnétisme animal relève de l'« imagination ».

Le XIXe sera un siècle majeur de développement d'essais cliniques où prévaut la nécessité de maintenir le patient dans l'ignorance (Kaptchuk 1998), c'est-à-dire des études contrôlées en simple aveugle (à savoir, incluant un groupe placebo). Vers le milieu du XIXe siècle, plusieurs communautés médicales eurent volontairement recours à des études contrôlées, soit pour démontrer l'efficacité de leur méthode (les premiers dans ce rôle furent les homéopathes !), soit pour démontrer l'inanité des nouveaux traitements introduits (groupe des nihilistes thérapeutiques[4]). Le recours à des méthodes de simple aveugle – parfois déjà associées à une randomisation[5] – se développa

---

[4] Le nihilisme thérapeutique désigne une vague de scepticisme médical, particulièrement marquée chez des cliniciens de France et d'Autriche au XIXe siècle, quant à l'efficacité des traitements, médicamenteux notamment. Une citation (1860) du médecin américain J. W. Holmes, illustrant ce mouvement, est restée célèbre : « Si l'ensemble des *Materia Medica* utilisés de nos jours était jeté au fond de la mer, ce serait tout bénéfice pour l'humanité, et une catastrophe pour les poissons ».

[5] La randomisation est un procédé utilisé dans les études cliniques qui permet d'exclure au mieux des biais systématiques dans l'attribution des

également, à la fin du siècle, dans des études de psychophysiologie. Les cas les plus fameux dans ce domaine ont concerné la « recherche psychique », incluant la télépathie et le spiritualisme (communication avec les morts). Il semble que la première étude en simple aveugle dans ce domaine ait été organisée en 1884 par Charles Richet pour des essais de transmission de pensée. Par la suite, le recours à des études contrôlées avec randomisation (à savoir, particulièrement attentives à prévenir des biais expérimentaux) devint la règle dans les recherches de ces domaines. Une autre dispute célèbre opposa Jean-Martin Charcot et ses disciples de la Salpêtrière à Hippolyte Bernheim de Nancy au sujet de la nature de l'hypnotisme. Ils débattaient pour savoir si l'hypnotisme était proche de l'hystérie ou relevait de la suggestion. Les deux camps eurent recours à des études en simple aveugle pour démontrer la justesse de leur point de vue. Vers la fin du siècle, de nombreuses études furent réalisées en Allemagne, selon des protocoles de simple aveugle, pour tester les effets de la noix de cola, de la caféine, de la cocaïne, *etc.* La justification d'un placebo s'appuyait sur la nécessité de prévenir la « suggestion » induite dans le cas où les participants auraient eu connaissance de la nature des substances administrées.

Au cours du XIXe siècle, de très nombreuses expérimentations de nature médicale utilisant la technique du simple aveugle avec placebo, parfois avec randomisation, ont été réalisées en Europe continentale, puis plus tard dans le monde anglo-saxon. Dans cette évolution historique des essais cliniques, il faut également considérer l'apparition de la technique du double aveugle dans laquelle tant celui qui administre le produit que celui le reçoit ignorent s'il s'agit d'une substance active ou d'un placebo. Avec ce tournant méthodologique, on prend en considération le rôle de l'intersubjectivité dans la réalisation des études cliniques. En effet, ce n'est plus seulement le sujet de l'expérience qui est maintenu dans l'ignorance mais l'ensemble des acteurs (expérimentateurs compris) prenant part au protocole clinique. La première grande étude clinique comparative en double aveugle, visant à évaluer l'effet de l'antitoxine diphtérique, fut menée en Allemagne entre 1911 et 1914.

---

différents traitements aux patients inclus dans l'étude. Elle vise à réduire le rôle de variables autres que celles faisant l'objet de l'étude.

En Europe continentale, les études comparatives incluant un groupe placebo étaient déjà relativement courantes. En Angleterre et aux États-Unis, les premiers essais de ce type apparurent dans les années 1920. Apparemment, l'importance de prévenir le rôle de la « suggestion » dans les essais chez l'homme, si durablement présente dans les études continentales du XIXe et qui avait justifié la création de groupes contrôles/placebos, n'était pas ressentie de la même manière dans le monde anglo-saxon. Cette situation allait rapidement changer après la Deuxième Guerre mondiale.

La nouvelle place du placebo dans les essais cliniques

L'évolution des essais cliniques, dès le milieu du siècle dernier, comprend plusieurs dimensions. La première vient de l'introduction et de la diffusion, dès les années 1930, de solides méthodes statistiques permettant des comparaisons entre groupes, ces méthodes ont été développées initialement par Ronald Fisher en Grande-Bretagne et tout d'abord appliquées à des domaines expérimentaux en agriculture. Ces méthodes mettaient un accent particulier sur la randomisation pour assurer la validité statistique des comparaisons entre groupes, en fournissant une mesure de la variabilité qui permettait de distinguer les différences significatives. Il s'agissait de « forcer la nature à fournir une réponse mathématiquement précise » (Kaptchuk 1998). La mise en œuvre de ces méthodes dans le domaine des essais cliniques a notamment été le fait du statisticien anglais Austin Bradford Hill. Il fut l'architecte du premier essai clinique randomisé, portant sur le traitement de la tuberculose par la streptomycine, publié en 1948. Dans cet essai clinique, l'élément nouveau et essentiel tenait à la randomisation initiale et à l'interdiction de la modifier en cours d'essai, beaucoup plus qu'au recours à un groupe de comparaison avec placebo [6]. Dans l'étude streptomycine, seuls les radiologues qui évaluaient l'évolution de la tuberculose étaient non-informés sur le statut des patients, qu'ils soient traités ou dans le groupe de contrôle. Les autres expérimentateurs étaient informés du statut des patients, ce n'était donc pas un « double aveugle » à proprement parler.

[6] En effet, l'essai de 1948 sur la streptomycine n'incluait pas de groupe placebo, mais un groupe contrôle traité selon les normes de l'époque.

L'exigence du « double aveugle » fut adoptée par la suite pour l'entier des équipes et de façon systématique.

Une deuxième dimension à retenir dans cette évolution des essais cliniques est en lien avec les méthodes statistiques adoptées, ce qui imposa la nécessité de recourir à un nombre important de patients. À cette fin, on développa les études multicentriques[7] qui permettaient d'obtenir des collectifs de taille suffisante. L'introduction de ces nouvelles méthodes d'essais cliniques heurta d'emblée les médecins, qui se trouvaient désormais dépossédés par les organisateurs de ces essais d'une partie de leur pouvoir dans le domaine de la recherche clinique (sélection des patients pour différents groupes, modification du protocole en cours d'essai, *etc.*). Leur résistance initiale fut donc vive, et les promoteurs de ces nouvelles méthodes s'efforcèrent par tous les moyens d'apprivoiser les milieux médicaux. Une autre raison justifia le développement de méthodes fiables de mesure de l'efficacité de nouvelles thérapies. Elle tenait au fait que, en Angleterre à la fin des années 1940, la volonté politique d'assurer la gratuité des soins médicaux allait de pair avec l'exigence d'une démonstration de la réalité de cette efficacité.

Finalement, à partir des années 1950, les principes de l'essai clinique contrôlé randomisé[8] comme standard de référence

---

[7] Une étude est dite « multicentrique » lorsqu'elle est menée simultanément et selon le même protocole dans divers centres de recherche au niveau international. Ce procédé permet de constituer de plus grands collectifs de patients et de donner ainsi un plus grand poids aux conclusions de l'étude.

[8] L'essai clinique randomisé, contrôlé – en double aveugle, dit également *double-insu* (en anglais : *Randomized Controlled Trial* ou RCT) – est considéré comme « l'étalon-or » des études visant à démontrer l'efficacité d'une intervention thérapeutique (médicamenteuse souvent). En bref, il implique la répartition des patients, de manière aléatoire (« randomisation ») en groupes distincts, traités ensuite selon les modalités de l'étude (par exemple, différentes doses d'un médicament). L'un des groupes constitue le « contrôle » (recevant par exemple un placebo, médicament d'aspect identique à celui utilisé dans les autres groupes mais sans principe actif). Le caractère de « double aveugle » désigne le fait que ni les patients ni les soignants ne connaissent le groupe auquel les patients ont été attribués. Au terme de l'étude, les résultats sont analysés à l'aide de méthodes statistiques appropriées. Un patient ne peut être inclus dans un essai clinique que si les caractéristiques de l'étude lui ont été expliquées de manière compréhensible, oralement et par écrit, et qu'il a donné son

furent progressivement acceptés. Ils constituent maintenant un élément essentiel de la médecine fondée sur les preuves (*evidence based medicine*). Les milieux médicaux, initialement hostiles, se rallièrent progressivement à ce nouveau contexte qui leur permettait d'acquérir une légitimité scientifique accrue, en phase avec les grandes évolutions de notre société. L'aspect « scientifique » de la médecine prenait résolument le pas sur la médecine comme « art ». Il reste pourtant que de nombreuses études dont la méthodologie est moins stricte continuent à être réalisées aujourd'hui.

Des contraintes extérieures, scientifiques et administratives, ont également favorisé l'usage des placebos dans ce contexte devenu plus rigoureux. En effet, les groupes de contrôle des premières études randomisées n'étaient pas nécessairement exposés à des placebos. Les exigences des administrations sanitaires nationales encouragèrent l'usage d'un placebo dans les groupes de comparaison, participant de ce fait à une formalisation plus marquée de ce genre d'études. Cette nouvelle donnée allait naturellement multiplier l'usage de placebos. Dans ce cadre, le rôle du placebo n'a pas d'importance : il est celui d'un point de référence, utile pour des applications statistiques. Quelques cliniciens américains avaient certes été sensibles, dans les années 1930, au « pouvoir » potentiel du placebo en thérapeutique, mais sans grands lendemains. Le débat médical sur le sujet va reprendre dans les années 1940.

Le premier article comportant le mot « placebo » dans son titre, jamais publié dans un périodique scientifique[9], date de 1945 par O. H. Perry Pepper, *A note on placebo*. Dans ce texte, l'auteur mentionne que le mot placebo ne figure pas dans l'index des livres classiques de médecine (aux USA), mais que « la prescription d'un placebo – quand, comment et quoi – semble être pour chaque médecin une caractéristique qui, comme certaines fonctions de l'organisme, n'a pas à être discutée dans une réunion de bonne société » (Pepper 1945). Le recours à un placebo par des médecins

---

consentement écrit, après un délai de réflexion. Il peut interrompre à tout instant sa participation à l'étude, sans avoir à fournir de justification.

[9] En anglais, tout au moins.

praticiens, en l'absence de thérapies spécifiques ou dans l'attente de l'évolution de la maladie, était donc très courant, sans être formellement reconnu.

Signe d'une dignité retrouvée, une des célèbres *Cornell Conferences on Therapy*, en 1946 à New York, fut consacrée au placebo. Dans les quinze ans qui suivirent, sous l'influence notamment de la naissance de la pharmacologie moderne et de nouveaux groupes de médicaments, de très nombreuses études consacrées au placebo parurent dans des périodiques scientifiques américains. L'une des plus souvent citées de nos jours encore a été publiée en 1955 par H. Beecher sous le titre *The Powerful Placebo*. Fondée sur quinze études cliniques chez plus de mille patients, elle souligne les propriétés thérapeutiques des placebos. Néanmoins, cet effet n'apparaît que chez une certaine proportion de patients (35 % +/- 2.2 % de l'ensemble) et dans diverses affections où interviennent des « facteurs subjectifs ». D'autres études de l'époque visent notamment à caractériser psychologiquement les patients « placebo-réacteurs », à définir les maladies bénéficiant le plus des effets du placebo, à estimer le rôle du placebo dans le développement des médicaments. En 1959, une synthèse est publiée par S. Wolf (*The Pharmacology of Placebos*). Elle établit un bilan des effets du placebo et soulève les nombreux aspects problématiques du placebo, qui restent largement d'actualité. Parmi les thèmes de débat abordés par Wolf concernant le placebo figurent : le caractère pertinent et porteur de sens de la situation, la capacité prédictive, les effets toxiques des placebos, les mécanismes d'action du placebo, le rôle de l'inconscient, le placebo dans la recherche thérapeutique, l'effet placebo lié aux opérations chirurgicales et aux protocoles thérapeutiques, la détection des « placebo-réacteurs », la place des placebos dans les thérapies[10].

De facteur parasite-générateur de bruit dans les mesures, le placebo est devenu un acteur, étudié pour lui-même. Il s'agit dès lors de comprendre le comment et le pourquoi.

---

[10] En anglais initialement (Wolf 1959) : *The meaningful situation, Predictability, The toxic effects of placebos, The mechanisms of placebo action, Role of the unconscious, The placebo in therapeutic research, Placebo effects of surgery, Therapeutic design, Detection of the placebo reactor, The place of placebo in therapy.*

Les cinquante dernières années : des essais cliniques à l'évaluation des thérapies

L'article de Beecher de 1955, la prolifération des études cliniques contrôlées, les progrès des neurosciences, l'élargissement de l'intérêt pour le sujet dans d'autres disciplines sont sans doute parmi les facteurs qui expliquent l'augmentation sensible du nombre de publications sur les placebos : quelque trois mille publications annuelles contenant le mot-clé *placebo* ont été enregistrées ces dernières années. Dans ces publications, il y a évidemment une large proportion de références à des essais cliniques contrôlés. Néanmoins, la période récente a vu l'émergence de perspectives nouvelles et l'approfondissement d'anciens débats, comme le résument les quelques paragraphes qui suivent.

En écho à l'article de *The powerful placebo* (Beecher 1955), Hrobjarttson et Goetzshe, en 2001, publient un article, *Is the placebo powerless ?*, où ils contestent nettement ses conclusions. Les auteurs, ayant analysé plus de cents études cliniques contrôlées, constatent une absence de preuve d'effets placebos cliniques notables, à l'exception de légers effets dans le traitement de la douleur[11]. Les conclusions de Beecher, d'après Hrobjarttson et Goetzshe, sont entachées d'erreurs ou de biais expérimentaux. Quelques recherches tendent à appuyer la position de ces deux auteurs, mais les opinions inverses sont prédominantes. Cette controverse a la qualité de faire ressortir la différence entre le placebo utilisé dans le groupe de contrôle des essais cliniques et celui que le médecin prescrirait à son patient. L'objectif et les conditions d'utilisation sont clairement différents dans les deux situations.

Durant ces dernières décennies, on a constaté dans l'ensemble des essais cliniques que la différence de réponse du groupe placebo et du groupe expérimental s'est progressivement réduite sans qu'on ait d'explication. De ce fait, l'action thérapeutique apparente des traitements semble moindre. Il est donc dans l'intérêt des firmes

---

[11] Concernant l'effet analgésiant du placebo, relevons à partir de la fin des années 1970 une multiplication d'expériences mettant en évidence le rôle déterminant des opiacés endogènes dans cette analgésie.

pharmaceutiques de trouver une solution à cette situation, par exemple en excluant des essais cliniques les individus fortement « placebo-réacteurs ». L'ennui pour ces firmes est que l'on ne dispose pas de marqueurs fiables de cette caractéristique, même si la recherche tend à montrer quelques particularités génétiques chez les « placebo-réacteurs » (Hall *et al.* 2012).

En revanche, en termes de santé publique, il pourrait être avantageux de réduire l'importance attribuée à l'écart entre placebo et médicaments officiellement indiqués. Il serait dès lors envisageable de soigner en administrant des substances placebo plutôt que des médicaments plus chers et susceptibles d'être toxiques. Le cas typique est celui du traitement de la dépression où il a été montré que l'administration des substances placebo pouvait s'avérer aussi efficaces que des médicaments antidépresseurs (Kirsch *et al.* 2008).

Le recours aux placebos par les médecins praticiens reste fréquent dans le cadre thérapeutique. Ainsi, une enquête américaine récente auprès de six cent septante-neuf médecins internistes et rhumatologues indique qu'environ cinquante pourcent d'entre eux « avouent » prescrire régulièrement des placebos, une pratique qu'ils considèrent comme éthiquement admissible. Il apparaît que la grande majorité d'entre eux prescrivent des « placebos impurs » (analgésiques à faibles doses ou vitamines). Moins de vingt pourcent d'entre eux informent leurs patients de la nature de la prescription (Tilburt *et al.* 2008). À noter qu'une étude récente (chez des patientes souffrant de douleurs abdominales persistantes) suggère qu'informer les patientes du fait que le médicament fourni ne contient pas de substances pharmacologiquement actives n'empêche pas un effet clinique (analgésique), à condition que le soignant explique et donne un sens à son acte de prescription (Kaptchuk *et al.* 2008).

L'évolution des recherches cliniques tend ainsi à faire du placebo le remplaçant d'une substance active par une substance prétexte. Pourtant, le placebo – de même que ses effets – engage de bien plus vastes enjeux. Dans les pages suivantes, nous exposons un certain nombre de ressorts qui expliquent l'effet placebo.

L'effet placebo

À la faveur de ce premier parcours historique, nous avons pu remarquer tout à la fois une extension et une réduction du domaine notionnel de placebo : selon les lieux et les époques, ce mot-caméléon a servi à désigner le pleureur des morts ou l'élève flagorneur aussi bien que ce qui soigne pour de mauvaises raisons, une substance prétexte. De fait, placebo tire ses multiples identités du contexte dans lequel il se trouve. Il s'agit dès lors d'essayer de démêler les composantes hétérogènes d'un « contexte complexe », de quelque nature qu'il soit. Cela revient néanmoins peut-être à condamner toute appréhension rigoureuse, globale et cohérente de ce contexte et de ses effets. Il faut par conséquent dépasser les oppositions binaires qui feraient se confronter *raison* et *intuition, savoir* et *savoir-faire, logique rigoureuse* et *regard oblique, approche directe* et *attaque rusée.* En d'autres termes, il s'agit plutôt de comprendre comment s'articulent *logos* et *mètis*. Par *logos*, compte tenu de sa formidable polysémie, nous entendrons, avec bien des approximations, la raison (et, depuis les Modernes, la Raison, universelle et univoque ; en participe la déduction), la parole, le discours, l'argument, la logique. L'usage de *logos* souvent veut faire accroire la correspondance de la parole et de la chose qu'elle dit, si ce n'est la correspondance de la pensée et du réel parce que le *logos* est expression de la vérité voire dévoilement de l'être (ou Être). En contraste, la *mètis* se définit de la manière suivante :

> une forme d'intelligence et de pensée, un mode du connaître ; elle implique un ensemble complexe, mais très cohérent, d'attitudes mentales, de comportements intellectuels qui combinent le flair, la sagacité, la prévision, la souplesse d'esprit, la feinte, la débrouillardise, l'attention vigilante, le sens de l'opportunité, des habiletés diverses, une expérience longuement acquise ; elle s'applique à des réalités fugaces, mouvantes, déconcertantes et ambiguës, qui ne se prêtent ni à la mesure précise, ni au calcul exact, ni au raisonnement rigoureux. Or dans le tableau de la pensée et du savoir

> qu'ont dressé ces professionnels de l'intelligence que sont les philosophes, toutes les qualités d'esprit dont est faite la *mètis*, ses tours de main, ses adresses, ses stratagèmes, sont le plus souvent rejetés dans l'ombre, effacés du domaine de la connaissance véritable [...] [Pour Platon] la dextérité (*euchéreia*), la sûreté du coup d'œil (*eustochia*), la pénétration d'esprit (*agchinoia*), à l'œuvre dans les entreprises où la *mètis* s'efforce, en tâtonnant et par conjecture, d'atteindre le but visé, relèvent d'un mode de connaissance extérieur à l'*episteme*, au savoir, étranger à la vérité [*logos* pour être synthétique]. Par contre chez Aristote, la « prudence » au moins retient, dans son orientation et ses démarches, bien des traits de la *mètis*. (Détienne et Vernant 2009 : 10)

Comme il a été noté plus haut, il est tentant d'utiliser le placebo dans le soin, c'est–à-dire en *mètis*. En effet, le savoir y est mobilisé, organisé et légitimé par un but pratique et un résultat efficace, la guérison ou le mieux-être en l'occurrence. On reconnaît au patient une part active. Ce placebo, « mètissé » par le souci de l'effet thérapeutique, parasite le *logos*. On veut dire par là qu'il parasite le savoir scientifique en tant que discours rigoureux et analytique sur le vrai. Or, dans la pratique thérapeutique, le placebo peut avoir un effet favorable, au moins partiel. On peut même supposer que tout traitement comprend une composante placebo. C'est pourquoi il faut saisir comment fonctionne le mécanisme liant le *placebo*, en tant que stimulus supposé neutre et qui satisfait la logique du *logos* scientifique, à l'*effet placebo*, résultat thérapeutique heureux, dont il est parfois difficile de préciser les soubassements dans leurs détails les plus subtils.

Prétendre se libérer du sujet et finalement lui reconnaître une part active dans la pratique scientifique

La manipulation du sujet de l'expérience est une nécessité du processus expérimental. Cette manipulation est plus forte en général pour le(s) groupe(s) manipulé(s) que pour le groupe de contrôle. Par exemple, pour que le sujet n'interprète pas d'une manière incontrôlée telle ou telle information, ce qui pourrait perturber les résultats de l'expérience, il faut parfois lui mentir (souvent par omission, mais parfois par action).

Le chercheur « ment » au sujet pour l'efficacité de la science, ce qui, en théorie, peut rester admissible.

Et d'ailleurs le sujet se prête le plus souvent avec bonne volonté à ce simulacre relationnel, dans son souci de participer au progrès de la science. Volontaire, informé, son consentement ayant été obtenu, il peut imaginer à juste titre qu'il participe librement et en pleine conscience à une expérience qui va faciliter à terme sa propre guérison, voire celle de ses proches. D'où l'illusion, souvent partagée, qu'il ne se passe rien, qu'aucun processus parasite n'entache la validité de l'expérience, qu'on reste ensemble dans la neutralité scientifique, dans une communion autour de la recherche sincère de l'objectivité. Tout se passe comme si on avait narcotisé d'un commun accord la part du sujet. La subjectivité est mise de côté au profit d'une réification assumée par laquelle les sujets deviennent des objets. Ceci est surtout vrai dans une processus en double « aveugle », où l'insu porte à la fois sur les sujets et sur l'expérimentateur. Ce dernier peut même être absent, il est remplacé par des assistants qui ne connaissent du processus expérimental que ce qui est strictement nécessaire à l'exécution des instructions qu'ils ont reçues. Ce faisant, il s'agit d'éliminer à la fois les interprétations parasites des sujets et le risque que le chercheur ne se laisse entraîner par des éléments d'information qu'il aurait sur les sujets à une activité cognitive préjudiciable à la collecte ou à l'interprétation des données. En cas de simple aveugle, la réification ne porte que sur les sujets. Pareil choix dénote un manque d'autocritique de la part de l'expérimentateur ; il devrait se dire : « s'ils peuvent se laisser dominer par leur subjectivité, alors cela pourrait m'arriver aussi ».

L'expérimentateur, en toute bonne foi scientifique, se révèle pourtant un homme trop incarné, soit trop « embarqué » ou « impliqué » dans sa méthode de contrôle strict de ce qui pourrait voiler les résultats de son expérience, pour accéder à une vérité intégrale. C'est alors le *logos* ou la Raison qui semblent exagérés, et illusoire la parfaite objectivité, au regard de laquelle la personne du chercheur serait sans incidence. Ce canon de la neutralité du scientifique conduisit même un Newton à réécrire ses carnets de laboratoires afin que sa découverte de la nature composée de la lumière découlât du seul *logos*, soi-disant fruit d'une d'intuition rationnelle, tant les tâtonnements ou paris cognitifs[12], les manipulations, approximations, savoirs implicites et, plus « vulgaires » encore, les savoir-faire, apparaissaient honteux au regard de la Raison (Hamou 2007 : 203-204).

On rejoue en cela le plus classique rejet de la *mètis* hors du savoir *rationnel*, parce que simple intelligence de la ruse ou encore connaissance conjecturale :

> La mètis [...] s'exerçait sur des plans très divers mais toujours à des fins pratiques : savoir-faire de l'artisan, habileté du sophiste, prudence du politique ou art du pilote dirigeant son navire. La *mètis* impliquait ainsi une série d'attitudes mentales combinant le flair, la sagacité, la débrouillardise... Multiple et polymorphe, elle s'appliquait à des réalités mouvantes qui ne se prêtent ni à la mesure précise ni au raisonnement rigoureux. Engagée dans le devenir et l'action, cette forme d'intelligence a été, à partir du Ve siècle, refoulée dans l'ombre par les philosophes. Au nom d'une métaphysique de l'être et de l'immuable, le savoir conjectural et la connaissance oblique des habiles et des prudents furent rejetés du côté du non-savoir. (Detienne et Vernant 2009 : quatrième de couverture)[13]

D'où la tentative, statistiquement défendable, de fabriquer un *logos* à partir de revues d'études multiples, de méta-analyses statistiques. Parce que la loi des grands nombres commence à jouer et parce que la diversité des procédures expérimentales permet d'en apprécier l'influence sur les résultats empiriques, on croit avoir éliminé le contexte, typique de l'approche *mètis*.

L'expérimentation est alors d'une très grande sophistication, qu'il s'agisse notamment du choix des sujets, des procédures et instructions, ou encore des plans d'expériences. La préoccupation de la perfection technique tend à occulter les problèmes « résiduels » importants de la pratique scientifique expérimentale[14]. Elle conduit à ignorer – ou

---

[12] Ce qu'on appellera par la suite *des abductions*.

[13] À propos de la *doxa* par maints aspects fondamentaux liée à la *mètis*, A. Cauquelin parle de « l'exil officiel où on la tient depuis l'Antiquité » (Cauquelin 1999 : 15).

[14] Le luxe de précautions et de contrôles combine la recherche d'un échantillon représentatif (en termes de sexe, d'âge, de poids, de maladies

plutôt à nourrir l'illusion d'inexistence – de trois ordres de problèmes.

Premièrement, le contexte ne peut s'éliminer complètement. Les précautions techniques ne suffisent jamais à rendre un processus expérimental parfaitement indépendant du contexte. Cette recherche de nettoyage du contexte reflète un choix en faveur d'une forte validité interne de la recherche, au détriment de sa validité externe et donc de la réplicabilité en contexte naturel ou même dans un contexte différent (ex. modèles animaux). Néanmoins, ce contexte résiduel, artificiellement épuré, donne encore à lire des signaux aux acteurs de l'expérience, particulièrement aux sujets. D'où l'importance de comprendre les signes liés aux éléments de contexte. Le contexte intrique *mètis* et *logos* : le sujet est en contexte, et – dans le même temps – il est un contexte en soi.

Deuxièmement, dans la vision de l'expérimentateur, le sujet est une machine cognitive. Même réifié par le processus expérimental, il n'en est pas pour autant décérébré. Cette machine cognitive, même niée, ou plus simplement ignorée, fonctionne toujours. Le sujet a ses propres théories qui s'enchaînent dans un processus cognitif de réception, de sélection et d'interprétation des signaux, puis de prise de décision. Les théories sous-jacentes sont dites « vernaculaires » parce qu'elles relèvent de représentations sociales et de connaissances partielles. Pour autant elles ne sont pas dénuées de sens. Il s'agit en quelque sorte du *logos* de celui qui ne connaît pas la théorie experte mais que cela n'empêche pas d'avoir sa propre théorie, celle du peuple (d'où l'expression synonyme de « théorie populaire »), ou

---

précédentes, d'histoire médicale de la personne, *etc.*) et le calcul de l'influence des facteurs contrôlés, des instructions et procédures très travaillées pour éviter les biais liés à une contextualisation parasite. Cela transforme largement l'entreprise de recherche en une suite d'opérations statistiques où le sujet n'est plus qu'une unité d'échantillonnage au sein d'une population mère et où les différents niveaux de variables intervenantes impliquent une modélisation complexe (par HLM, *Hierarchical Linear Modeling*). Ce processus peut se faire aussi au détriment d'une démarche conceptuelle bien articulée où les effets d'interaction entre variables, le rôle d'une variable en tant que médiatrice du lien entre deux autres variables, ainsi que les questions d'endogénéité ne sont pas correctement perçus.

celle de sa culture (d'où l'expression synonyme de « théorie culturelle »).

Troisièmement, le sujet est un organisme adaptatif dans une perspective psychophysiologique. Il va donc développer des réponses face au mélange entre sa situation réelle et la situation expérimentale.

La pratique scientifique, le placebo et le soin

Nous avons considéré ce qu'engage le placebo du point de vue de la science expérimentale. Il convient maintenant d'envisager ce qu'il en est du point de vue du soin et des soignants. En effet, dans le sens commun des soignants, le placebo est souvent perçu négativement, soit relativement à la manipulation du patient que peut sous-tendre la prescription d'un placebo, soit comme une réduction de la relation de soin à un effet placebo.

Une telle perception du placebo s'inscrit dans un contexte où le soin tend à être considéré dans sa seule dimension technique, légitimée par la science expérimentale. Il se pose dès lors la question suivante : une autre conception du soin, plus éthique, peut-elle engager à concevoir autrement le phénomène placebo ?

Le soin et le placebo pris dans le référentiel de la science expérimentale

La science expérimentale considère le soin comme un objet qui se dérobe à ses yeux, comme le supplément d'âme, pour reprendre une expression chère à Henri Bergson, qui confère à la médecine son humanité, et qui pourtant lui reste inaccessible. Sur cette base, plusieurs auteurs proposent depuis de nombreuses années déjà de dire que l'effet placebo est au fond synonyme de « neglected asset in the Care of Patients » (Benson et Epstein 1975 : 1225-1226), d'un « Care Effect », d'un effet qui relève du « interpersonal healing » (Miller *et al.* 2009) ou du « remembered wellness » (Benson et Friedman 1996).

Quelles que soient les métaphores, c'est la rhétorique de la science, qui prenant ici seule la parole, qualifie la dimension humaine et relationnelle du soin d'effet placebo. Or, d'un point de vue épistémologique, on peut se demander avec

Julian Tudor Hart et Paul Dieppe (1996) de même qu'avec Mark D. Sullivan (1993) si cette compréhension du phénomène placebo à l'aune des critères qui façonnent une thérapie efficace ne revient pas à réduire le soin à sa seule dimension technique, elle-même validée par des modalités d'évaluation reposant sur une conception biophysique des bienfaits qu'un traitement pourrait produire ? Comprendre en ce sens l'effet placebo ne sert-il pas légitimer en creux l'approche technique du soin comme étant la seule valable ?

À la lumière de cette critique, Sullivan qualifie l'usage du mot placebo de « stratégie de contrôle épistémique » permettant à la science expérimentale de s'auto-légitimer. Hart et Dieppe, pour leur part, écrivent : « To account for clinical improvement solely by placebo effect (as simplistic interpretation of controlled trials might easily do) is an insult to the importance of caring. It diverts attention from the fundamental need always to provide optimum caring as a necessary basis for technical intervention » (Hart et Dieppe 1996 : 1607).

Si l'on suivait le référentiel des sciences expérimentales, comprendre le soin à l'aune d'un effet placebo signifierait dès lors masquer la possibilité de déployer les divers registres du soin au-delà de sa dimension technique, et ainsi limiter l'horizon d'une compréhension du bienfait produit par le soin aux effets d'un traitement médicamenteux. En d'autres termes, c'est réduire la *dimension éthique* du soin à l'évaluation de l'efficacité et du risque biologiques. Or, réduire la responsabilité du soignant à une perspective qui accrédite cette conception du soin revient à priver la médecine de la possibilité de construire un avenir porté par les responsabilités éthiques et sociales qui lui incombent.

Pour pouvoir procéder à une clarification du sens et d'un usage pertinent du mot « placebo » en médecine clinique, et de sa signification dans le cadre d'une activité de soin, il nous paraît dès lors essentiel de nous interroger sur la nature de l'activité clinique.

Comment comprendre le soin dans le champ de la clinique

Le corps humain, écrit Maurice Merleau-Ponty (1964 : 178-182), est un entrelacs de nature, de « chose parmi les choses », et d'existence. Dans l'état de bonne santé, cet entrelacs est vécu comme allant de soi, comme une évidence. Lorsque qu'il se fissure, qu'il se désintègre, l'existence ne va plus de soi, l'état de mal-être est ressenti, et la quête médicale commence.

Comment le clinicien va-t-il procéder pour répondre à l'appel à l'aide du malade cherchant à redonner vie à cet entrelacs ? Il va adopter deux attitudes en apparence contradictoires : il va d'une part se fonder sur une approche scientifique, cherchant à expliquer la cause du dysfonctionnement du corps, et à maîtriser dans le même mouvement le cours de la maladie ; d'autre part, il va adopter une attitude personnelle, cherchant à comprendre la signification de la fissure de l'être-au-monde qui vient rompre l'harmonie de l'existence jusqu'alors insouciante de la personne malade (Toombs 1992 ; Toulmin 1993).

Comme le relève Richard Baron (1985), adopter de front ces deux attitudes ne va pas de soi dans la mesure où chacune d'entre elles fait appel à deux formes de connaissances et à deux anthropologies du corps qui entretiennent des relations paradoxales. Il s'agit de porter attention à la fois au corps du patient comme objet de savoir et comme sujet historique. Il s'agit à la fois d'écouter et d'entendre ce que le corps malade nous transmet et ce que le patient ressent à ce propos.

Pour prendre pleinement corps, l'articulation de l'approche scientifique et de l'approche personnelle devrait s'enraciner dans une profonde réflexion sur le sens du soin. Cette réflexion devrait porter sur la relation clinique comme lieu où le sens est donné à l'acte médical, et où science et sens sont entrelacés dans la visée de soin. À la fois attention au corps vécu et au corps objectivé, le soin, comme espace d'incarnation de ces deux pôles, devrait être repensé comme le lieu par excellence où s'expriment dans le même mouvement la sollicitude pour autrui et la bienfaisance technique, la compréhension et l'explication, le sens et la technique. C'est précisément en ce lieu que les méthodes des sciences humaines peuvent s'enraciner et prendre sens pour enrichir une conception de la clinique qui transcende le registre purement technique (Schwarz et Wiggins 1985). Comment comprendre dès lors le soin dans le champ de la clinique ?

L'activité clinique est généralement comprise, en son sens étymologique, comme l'ensemble des pratiques diagnostique, thérapeutique et pronostique accomplies par le médecin ou l'équipe médicale au chevet du patient. S'appuyant depuis le XVIIIe siècle sur le modèle épistémologique des sciences naturelles et expérimentales, le diagnostic et la thérapeutique modernes consistent, comme l'a remarquablement bien relevé Michel Foucault (1963), en l'application de connaissances théoriques, notamment physiopathologiques et épidémiologiques, à une réalité morbide définie par des symptômes inscrits dans le corps et accessibles à la vue, au toucher, à l'audition et à la parole, une accessibilité que les moyens techniques prolongent aujourd'hui à l'infini. S'il est vrai que la pratique médicale contemporaine comporte une part de plus en plus importante d'application technique, qui en garantit l'efficacité, elle ne saurait toutefois se réduire à cela. Comme de nombreux travaux de philosophie de la médecine l'ont mis en évidence tout au long du XXe siècle (Gadamer 1990), la pratique ne peut en effet être considérée comme la simple application des éléments cognitifs de sciences théoriques : elle se différencie du savoir scientifique par le fait qu'elle implique toujours une prise de décision responsable qui opère un *choix éthique* entre des possibilités de réalisation de divers biens intrinsèquement reconnus comme tels par ses acteurs (McIntyre 1984). De ce point de vue, la pratique médicale peut être conçue comme un champ autonome de l'action humaine comportant sa propre logique, sa propre finalité, ses méthodes, ses règles et son langage : si la finalité de la science médicale est d'établir la vérité scientifique, la finalité de la pratique de la médecine est, dans son orientation thérapeutique, de restaurer la santé d'un individu singulier souffrant dans son corps et dans son être-au-monde (Ten Have et Spiker 1990).

La *visée éthique* de la relation de soin peut ainsi être conçue comme un souci de trouver la voie qui aide un individu malade à accéder à un nouvel état d'équilibre où il devrait pouvoir retrouver toutes ses potentialités. L'activité clinique est en somme une activité de re-possibilisation : elle ne se contente pas de prévoir pour le patient un retour à la norme physiologique, mais se concentre également sur les capacités de guérison du malade.

Si, comme nous venons de l'affirmer, la tâche du médecin consiste bien à repossibiliser l'existence de son patient, nous comprenons aussitôt que la mise en œuvre du jugement médical circonstancié ne peut être mise au compte des seules interventions diagnostique et thérapeutique. Ce souci du patient singulier ne peut manquer de rendre le clinicien attentif à la manière dont la maladie affecte l'identité du malade qu'il prend en charge.

Du point de vue de ce dernier, la maladie est un événement qui s'inscrit dans son histoire dont elle perturbe la continuité : la maladie est une crise qui en faisant courir un danger à l'équilibre psychophysique, somme le malade, dans les affections graves tout au moins, de transformer son cadre de vie et s'adapter à sa nouvelle condition. Être malade est, au-delà de sa détermination physiopathologique, un mode temporel d'existence de l'être humain. La souffrance situe l'individu dans une sorte d'interminable présent ancré dans un passé qui ne s'ouvre pas sur des horizons futurs. Dans ce contexte, la souffrance est presque toujours une crise du sens. Tout ce dans quoi le patient avait investi peut être soudainement menacé de perte ou de désintégration (Benaroyo 2006 : 60-83).

À l'aune de cette phénoménologie de l'expérience morbide, l'activité clinique se mue en une sollicitude orientée vers un travail d'interprétation – une herméneutique – des signes et symptômes, porteur d'une reconstruction du sens, de telle sorte que la question de savoir ce que le patient peut devenir ou s'il existe encore pour lui des futurs possibles fait partie intégrante du travail de guérison. L'anamnèse peut être ici d'un grand secours : elle permet de poursuivre avec le patient la tâche reconstructive.

Puisque chaque malade présente un profil particulier qui peut être appréhendé dans le cadre d'une démarche herméneutique, il ne saurait être question de lui appliquer des décisions normées de façon arbitraire et générale. Mais il s'agit de délibérer en tenant compte des circonstances contingentes pour choisir le meilleur bien possible pour chaque individu singulier. L'élection de ce bien repose sur la faculté du soignant de délibérer et d'opérer des *choix* qui orientent ses actions sur les voies du soulagement de la souffrance et du rétablissement du malade.

Cette activité délibérative nous semble pouvoir être assignée aujourd'hui à la sagesse pratique, également dénommée, dans la filiation de la tradition philosophique aristotélicienne, *phronesis*, c'est-à-dire l'aptitude du soignant à trouver la « norme idoine » dans une situation singulière. À l'image du *phronimos*, l'homme sage et prudent, le clinicien sait que « la solution n'est pas prescrite, mais qu'elle est risquée, inconfortable, singulière, difficile ». Le clinicien doit « en quelque sorte inventer ce qu'il faut faire, ce qui s'imposera comme un devoir singulier, résultat d'un débat, parfois difficile et toujours risqué, dont les éléments n'apparaissent pas dans une clarté qu'assurerait la maîtrise rationnelle de la situation ; c'est dans l'inconfort qui résulte de l'écart existant entre le respect de la norme et le respect dû aux personnes, que la décision est à prendre » (Benaroyo 2006 : 85-96).

L'exercice de cette vertu repose sur les conditions suivantes (Froschner 1993 : 270-272) qui prennent corps dans la relation de soin :

1. la délibération (*euboulia*), qui fixe les objectifs concrets à atteindre ;
2. la circonspection, qui « considère les alternatives, les modes de réalisation, les conséquences possibles, et reconnaît les circonstances favorables (*kairos*) » ;
3. l'intelligence clairvoyante (*sunesis*) « qui, dans la communication, se forme un jugement sur ce qui est moralement juste » ;
4. le « coup d'œil » (*deinotes*), « qui saisit les occasions et utilise les circonstances qui accompagnent la poursuite d'un but ».

C'est à l'aune de cette démarche interprétative que le jugement moral en situation peut être élaboré et l'action sage accomplie. Cette démarche comporte trois moments :

1. l'exploration des contingences (exploration de la complexité de la situation) ;
2. l'élection du meilleur possible (l'élaboration d'un jugement éthique) ;
3. l'exécution d'une action en vue du bien concret (l'acte singularisé).

Pour pouvoir emprunter les chemins de la prudence tels que nous les avons balisés, la sagesse pratique médicale moderne s'appuyer sur les ressources éthiques des pensées de Paul Ricœur et d'Emmanuel Levinas (Benaroyo 2006 : 97-98), pour déployer son potentiel délibératif en explorant les diverses sphères de l'agir humain – la sphère interpersonnelle, la sphère professionnelle, les sphères institutionnelle et sociale – avant de pouvoir procéder à l'élection du meilleur possible avec circonspection et clairvoyance. Parcourant ces trois sphères, la prudence médicale moderne peut être mise en œuvre selon les quatre moments suivants :

1. le moment de l'éveil éthique à la souffrance où le patient est perçu comme une présence (et non une catégorie, une représentation ou un personnage) ;
2. le moment de la médiation sociale, le pacte de soin basé sur la confiance qui vise à surmonter la dissymétrie initiale de la rencontre entre le malade et son médecin ;
3. le moment de la mise en œuvre des moyens techniques appropriés ;
4. le moment de la restauration personnalisée de l'autonomie du patient, où son pouvoir-être pourrait être rétabli selon des modalités éthiques mises au point en commun dans le cadre du pacte de soin basé sur la confiance.

C'est à l'occasion de ce déploiement, nourri d'interdisciplinarité, que la science et le sens du soin s'entrelacent pour donner vie à un projet de soin prenant son ancrage au sein d'une relation de confiance. Dès lors, l'écoute attentive par le soignant – ou l'ensemble d'une équipe de soin – de la narration du malade (c'est-à-dire de la manière dont celui-ci se constitue comme sujet de sa propre histoire) accompagnée d'une écoute du langage du corps (lors de gestes techniques par exemple), sont autant d'éléments permettant de percevoir comment l'identité du patient est affectée par la maladie.

Face à cette perception de la souffrance, la tâche de la sagesse pratique consiste à se frayer la voie vers une écoute attentive du récit du patient en vue d'explorer, sur fonds de confiance et d'humanité, les contenus existentiels de ses expériences, et plus particulièrement la structure temporelle et existentielle de la mise en intrigue de sa souffrance. Cela permettra au soignant de situer la souffrance dans la continuité de la trame historique passée et par là même en opérer la généalogie. Sur cette base, la sagesse pratique pourra évaluer de quelle manière articuler les dimensions expérientielles de la souffrance avec les données diagnostiques et thérapeutiques issues de l'analyse biomédicale, en vue de structurer ce projet de soin dans un registre narratif qui permette au patient de rétablir un flux temporel orienté vers le futur, permettant ainsi une reprise de confiance que celui-ci pourrait avoir en lui-même, dans la vie et dans le monde du soin qui l'entoure. Comme le précise Cheryl Mattingly : « Le succès thérapeutique dépend en grande partie de l'aptitude du soignant à mettre en scène une histoire qui fait sens pour le patient tout autant que pour lui-même. On pourrait même dire que la tâche du clinicien consiste à créer une intrigue thérapeutique qui conforte *(compels)* le patient dans l'idée que le traitement médical qui lui est proposé fait partie intégrante du soin qui lui est apporté. » (Mattingly 1994 : 814)

Des chemins qui mènent du placebo au soin et du soin au placebo...

Il apparaît ainsi que, dans la mesure où la clinique est conçue comme un art de la re-possibilisation, l'exercice de la responsabilité éthique du soignant fait appel à des aptitudes interprétatives, réflexives et critiques qui donnent accès au cœur de la relation de soin à une compréhension du sens de la maladie. Le défi que doit relever le soin médical nous semble être celui d'affronter le paradoxe inhérent à l'articulation des ces diverses aptitudes à l'occasion de situations cliniques concrètes, par la mobilisation d'une sagesse pratique.

En ce sens, une réduction du soin à un effet placebo, tel que le conçoit le référentiel de la science expérimentale, ne nous paraît pas tenir compte du fait que le « soin » est avant tout porté par son envergure éthique mobilisant divers registres anthropologiques et épistémologiques. Interpréter le soin comme un effet placebo ne permet pas de rendre compte l'ensemble de strates que déploie la sagesse pratique, et qui en constituent le ferment. Il semble dès lors essentiel d'abandonner en clinique l'idée que l'effet placebo puisse être une expression permettant de qualifier la dimension relationnelle et interhumaine au risque, nous semble-t-il, de paradoxalement déshumaniser la clinique.

Dès lors, c'est, dans ce contexte, un autre sens que nous pourrions donner à effet placebo, celui d'une orientation vers l'*aller-mieux*, ainsi que nous le définissons ci-après.

Comprendre les effets du contexte dans le cas du placebo pour orienter la pratique thérapeutique

En pratique médicale, le recours à des placebos peut être identifié dans deux contextes bien définis. Il s'agit d'une part de l'expérimentation clinique visant à démontrer l'efficacité (et justifier la commercialisation) d'un nouveau médicament, procédure impliquant souvent une comparaison avec un « groupe placebo ». D'autre part, comme déjà mentionné plus haut, plusieurs études ont montré que les médecins prescrivent des placebos à leurs patients en toute connaissance de cause. Cette pratique vise évidemment à maximiser les possibilités de guérison, le contexte de soin agissant comme autant de signes qui orientent le *sujet soigné* vers l'*aller-mieux*. Cette orientation vers l'*aller-mieux*, on se propose de la qualifier d'effet placebo. Une telle qualification demande néanmoins de préciser ce que l'on entend par placebo et de se défaire des connotations négatives qui lui sont souvent associées dans le monde de la santé (du point de vue expérimental, comme un problème à éliminer ; du point de vue clinique, comme une réduction de la dimension du soin et l'effet d'une manipulation du patient).

Conjecturant que l'effet placebo émerge de l'interprétation de signes dans un contexte qui anime leur action thérapeutique, nous allons tenter d'appréhender son effet au travers d'une théorie sémiotique qui considère le placebo comme un signe indiciel et qui dès lors explique les ressorts de son interprétation. Notre perspective interdisciplinaire se fonde sur la théorie des signes de Charles Sanders Pierce pour saisir des phénomènes de signification tant culturels que biologiques. Plus que d'autres phénomènes, le placebo assemble et intègre ces deux dimensions.

D'autres se sont déjà appuyés sur la théorie des signes de Pierce pour formuler des hypothèses au sujet des mécanismes de formation des réponses placebo (Colloca et Benedetti 2006). Dans cette perspective, la réponse placebo résulterait de processus de décodage de signes qui font sens pour le sujet traité. Ils font sens en tant qu'ils sont des stimuli repérables pour un « lecteur » [15], des stimuli qui l'orientent vers une certaine direction.

Un signe est, selon Peirce, « *quelque chose qui tient lieu pour quelqu'un de quelque chose* [d'autre] *sous quelque rapport ou à quelque titre* » (Peirce 1978 : 121). Autrement dit, le signe est signe du fait qu'il est « lu » : il est toujours pris dans un processus interprétatif. Dans la communication humaine, un signe peut être un mot, un geste, un texte, une posture, lus par un interprète. Dans un contexte biologique par exemple, un signe peut être un neurotransmetteur lu par une protéine membranaire avec laquelle il fait temporairement corps. Pour Peirce, les signes peuvent être appréhendés selon trois fonctions : en tant que symbole, icône et indice[16]. Considérons le placebo à l'aune de ces trois fonctions :

---

[15] Compris comme une entité qui interprète.

[16] Ces trois fonctions – symbole, icône et indice – se comprennent relativement au rapport que le *signe* entretient avec l'*objet* qu'il désigne (Peirce 1978) : un *signe* symbolique est associé par convention à son objet, ainsi le mot « feu » renvoie par convention à l'*objet* feu ; un *signe*

- en tant que mot (construit par convention), il est un symbole ;
- en tant que pilule (ressemblant à un médicament), il est une icône ;
- en tant qu'effet postulé (créateur d'une attente), il est un indice.

Selon Colloca et Benedetti, à ces trois fonctions sont attachées trois types de réponses : anticipation (symbole), observation (icône), conditionnement (indice). Selon nous, ces trois fonctions peuvent être associées à un même signe et, le plus souvent, un placebo est tout à la fois un symbole (un mot), une icône (une image) et un indice (un pointage vers un effet ; littéralement, une indication).

Hors contexte, tout signe peut potentiellement impliquer ces trois fonctions. Mis en contexte, quelle que soit sa fonction dominante, un signe prend toujours une valeur indexicale[17], il oriente celui qui le lit. Dans le contexte où apparaît généralement la réponse placebo : tous les signes – mots, énoncés, gestes, pilules, blouses blanches – prennent une valeur indexicale. Cette valeur indexicale est ce qui conduit à l'effet placebo.

Pourquoi cette relation entre valeur indexicale et effet placebo ? La réponse se trouve dans la définition même de la fonction d'indice. Pour définir cette fonction, prenons l'exemple de la fumée et du feu. La fumée est indice du feu en tant qu'elle est en « continuité existentielle », en « association par contiguïté » (Peirce 1978 : 158), en « connexion dynamique » avec le feu. La fumée (l'indice) implique l'existence du feu, et plus encore elle dirige vers le feu qui est la condition même de son existence : il n'y a pas de fumée sans feu. C'est notre expérience du monde qui nous

---

indiciel a une relation de *contiguïté existentielle* à son *objet*, ainsi la fumée est l'indice du feu ; un *signe* iconique ressemble à son *objet*, un dessin de feu ressemble à un feu. Nous reprenons cet exemple par la suite.

[17] Cette valeur indexicale est en quelque sorte une archi-fonction d'indice (Berthoud 2006 ; Merminod, 2018) relative à l'indexicalité généralisée des signes (Garfinkel 2007 [1967] ; Silverstein 1976 ; Levinson 1983 ; Heritage 1984) : un signe prend son sens dans et par son usage.

mène à établir cette relation entre le signe (la fumée) et son objet (le feu) : voir la fumée nous invite à trouver le feu.

Reprenons le cas du placebo. Dans un contexte médical, une pilule ou une blouse blanche sont, pour le patient, indices d'une guérison possible : du fait de son expérience du monde (sa mémoire), se crée chez ce dernier une attente de guérison. Orientant le patient dans une direction donnée, les indices perçus ont toutes les chances de fonctionner comme des ordres à opérer, faisant passer de puissance à l'acte ce qu'il est attendu de rencontrer (la possibilité d'un mieux-être, par exemple).

De nombreuses recherches, à l'image de Colloca et Benedetti (2006), visent à mieux comprendre le mécanisme de l'effet placebo. Brièvement résumées, les explications proposées invoquent le plus souvent le *conditionnement pavlovien*, l'*attente/espoir* (*expectancy*), la relation thérapeutique ou les significations socioculturelles (*sociocultural meaning*). Comme on le verra plus tard, le concept d'anticipation, tel qu'actuellement développé en psychophysiologie, rend compte également de ce phénomène.

Interprétation des signes par le sujet et folk theory (théorie vernaculaire)

On peut penser raisonnablement que l'interprétation de ces signes s'insère dans une théorie vernaculaire que le patient a de son mode de guérison ou de réduction des symptômes[18]. Dans le cas du placebo, il est aisé de détecter des théories vernaculaires qui peuvent sous-tendre l'effet placebo :

- La seringue du soignant contient un liquide qui devrait faire effet ;
- L'hôpital est un lieu où de nombreux experts portant des blouses blanches sont réunis, il est donc logique d'y aller en cas de problème médical important ;
- Les médecins ne parlent pas pour ne rien dire, ce sont ni des charlatans, ni des bonimenteurs : s'ils me font une promesse de guérison, c'est que je vais

[18] Parmi ces symptômes, ce pourrait être la douleur.

> guérir... autant donc y mettre du mien aussi tôt que possible.

L'imagination concrète (sensorielle, à travers les objets familiers, les situations rencontrées, par exemple) mais aussi l'imagination morale encadrée par des systèmes normatifs (Geertz 1973) et les représentations partagées sont les supports principaux des théories vernaculaires. Les théories vernaculaires sont aussi appelées *folk theories*, *popular theories* ou *cultural theories*. Kempton [19] dans Quinn et Holland (1987) définit ainsi ces théories :

> Human beings strive to connect related phenomena and make sense of the world. In so doing, they create what I call folk theory. The world folk signifies both that these theories are shared by a social group and that they are acquired from everyday experience or social interaction. To call them theories is to assert that they use abstractions that apply to many analogous situations, enable predictions, and guide behavior. I contrast folk theories with institutionalized theories, which are used by specialists and acquired from scientific literature or controlled experiments. (Kempton 1987 : 222)

La théorie, telle que la décrit Kempton, opère de par sa structure abstraite. On peut parler en ce sens de *théorie mnémosyne*, de la théorie comme mémoire (Volken 2005). Généralement, la mémoire est une condition nécessaire à l'existence de notre identité, de la permanence d'un moi qui survit à tous les assauts d'un environnement changeant : elle condense et transforme les traces de ces interactions en stratégies de survie et possibilités d'adaptation. C'est exactement ce que fait la théorie : à partir d'innombrables faits, expériences et observations, elle ne retient que de simples lois, ou principes, qui les résument, les généralisent et surtout permettent l'extrapolation à des situations inédites.

La théorie opère donc par ses aspects épistémologiques, cognitifs et mnémoniques mais également par sa nature

---

[19] Kempton (1987) prend pour objet les théories vernaculaires du chauffage à domicile (à savoir, comment dépenser le moins de combustible tout en se chauffant bien). Les théories vernaculaires concernent à peu près tous les aspects de la vie : de la rotondité de la terre, aux processus de guérison, en passant par l'origine du SIDA.

sémiologique. En effet, en mentionnant qu'une théorie non seulement permet de classifier ou catégoriser, puisque ses « abstractions » s'appliquent à « *many analogous situations* », mais encore produit des prédictions[20] et guide des conduites, Kempton mobilise tout un champ sémantique qui renvoie à la notion sémiologique d'*indice* : empreintes, indications, hypothèses, orientations, directions, attentes, anticipations. En termes physiologiques, ces indices se marquent sous forme de traces dans la mémoire, réactualisées selon les nécessités du contexte d'action dans lequel est plongé le « sujet ». Des traces sous forme de scripts[21] prêts à l'emploi, sous condition d'adaptation au cas ici et maintenant, opérant certes toujours *in concreto* mais non sans quelque « mémoire » du passé. D'où le paradoxe suivant lequel il n'y aurait, d'une certaine manière, « mémoire » que du présent, selon un étrange bouclage temporel qui se prend aussi bien de toute dynamique, qui caractérise le vivant, que de la durée comme temps épais (et

---

[20] C'est-à-dire des conjectures ou en langage plus logique, des abductions. Nous y reviendrons (*infra*, 3.3).

[21] Un script se définit comme un certain scénario, une certaine manière de se comporter, un type de comportements soit une classe de comportements analogues, ramassés, sédimentés dans des « historiettes » que connaissent tous les ressortissants d'une culture donnée ; des *social patterns* disent les Anglo-saxons. D'un point de vue cognitif, le script ramasse une fonction (comportementale, sociale) de façon exemplaire dans les occurrences du noyau du type, et que condense de la manière la plus partagée le prototype. Ce scénario fonctionne comme attracteur cognitif ou terme de comparaison pour le raisonnement par analogie, à la faveur duquel la singularité du cas à juger sera apprivoisée (de là les hésitations, tâtonnements et abductions) sans être exténuée, tout en rétroagissant sur le sens du type. Si la contrainte sexuelle suppose de subir un acte, obliger à une fellation, bien que l'auteur demeure passif, est jugé analogue à un acte de l'auteur. Ces scripts impriment donc une orientation à la démarche de l'interprète, réduisant le jeu des possibles. Pour un exemple moins juridique et dramatique : « Par exemple, la définition de /baleine/ doit prendre en compte le fait que dans les contextes anciens l'animal désigné est un poisson et dans les contextes modernes un mammifère » (Eco 1988 : 149). Eco illustre, en le redéployant pour en montrer toute la condensation, un tel social pattern. M. Sigma, citoyen italien de passage à Paris, désire téléphoner ; il entre dans un bar : « S'il s'était agi d'un café italien, il aurait recherché un coin proche de la caisse, où se serait trouvé un téléphone de couleur métallisée. Mais il est dans un bar français, et ce sont d'autres règles interprétatives de l'environnement qu'il trouve à sa disposition : il cherche un escalier descendant vers le sous-sol. Là, il le sait, dans tout bar parisien qui se respecte, se cachent des toilettes et le téléphone. » (Eco 1988 : 12).

pas simplement comme écoulement du temps), autre caractéristique du vivant que tente d'exprimer la notion de « fenêtre temporelle ». Pour résumer d'une formule ce bouclage qui est moins un retour sur l'état initial qu'une avancée *à partir* de cet état initial opérant davantage comme une matrice (de scripts) : celui qui se souvient d'un événement n'est pas celui qui l'a vécu... et ainsi de suite. L'indice porte en lui-même [22] semblable bouclage, opère selon et dans une « fenêtre temporelle » (Berthoz et Debru 2015)[23].

Pensons, trivialement, à un panneau de signalisation routière. Il présente cette spécificité de constituer aussi bien un *signe-événement* qu'un *signe-action*. Comme signe-événement, il est quelque chose du monde et dans le monde – une pancarte en l'occurrence -, une réalité dont on peut faire l'expérience concrète, « pragmatique » (de *pragma-pragmata*, les « existants »). Il est également un *signe-action* : il fournit une direction à l'action (littéralement un « pro-jet »), un sens, en la double acception du mot peut-être suivant une consonance entre physiologie et sémiologie : *direction* dans l'espace pour l'une, *direction* dans le sens pour l'autre. L'indice permet ainsi le passage à l'acte de l'action, littéralement sa « réalisation »[24]. Les panneaux de signalisation ne sont-ils pas parfois appelés « indicateurs » ? Théorie et pratique sont de la sorte intimement liées,

---

[22] Par « en lui-même » nous entendons selon sa définition ou structure sémiologique, mieux selon sa fonction sémiotique (*supra,* 2.2), laquelle ne nous est connue que dans un contexte, *in concreto*, « incarnation originelle », oxymore montrant à quel point nous inclinons à penser *d'abord* une essence, laquelle reçoit *ensuite* de la *carne*, c'est-à-dire de la chaire, en bref une existence concrète... alors que nous procédons pragmatiquement dans l'autre direction... En vérité, nous faisons les deux « à la fois » dans la durée de la fenêtre temporelle, ce que U. Eco, s'inspirant de Peirce, nomme « abduction » (*infra*, 3.3) à partir de laquelle nous abstrayons une « nature » ou « structure » qui est donc le résultat d'un (premier) processus cognitif et non le point de départ, un apriori, comme dans les théories cognitives philosophiques d'obédience kantienne dites précisément « philosophies *a priori* ».

[23] La « fenêtre temporelle » n'est pas un simple intervalle (une unité abstraite, désincarnée), c'est un moment dans toute son épaisseur (un temps épais et visqueux).

[24] De *res* la chose, comme l'idée ou l'intention qui devient une chose en s'incarnant dans quelque comportement.

intriquées, pour construire un sens. C'est sur ce sens que peut se fonder l'effet placebo.

L'extraction du sens amorce l'action

Comme indice, le placebo se trouve dans un jeu simultané entre trace-*de* et trace-*pour*. Il lie passé et futur. D'un passé condensé (trace-de), il ouvre sur un futur (trace-pour). Ce mouvement entre trace-*de* et trace-*pour* s'illustre particulièrement bien dans la notion juridique de *leading case*.

Tel « cas », *case* – que l'on dénomme aussi « espèce » – devient, dans la culture des juristes, *exemplaire* ou emblématique d'une certaine solution, d'un « genre » ou type de raisonnement ; il en condense les traits les plus paradigmatiques *en vue* de son application à d'autres cas considérés comme analogues. Ainsi, en droit anglais, le raisonnement conduit à propos de dommages créés à la suite d'une fuite d'eau est appliqué par *analogie* aux dommages créés par une fuite d'électricité, à raison des similitudes sélectionnées, de « flux » et de « dommage d'expansion ». Le cas de l'eau, cette occurrence spécifique, est donc montée en cause exemplaire, genre ou type de raisonnement – qui *typifie*, permet de rapporter à ce type des occurrences sans cela disparates, pour en faire *une* série précisément – qui condense le passé (comme une « théorie » dirait Volken 2005) pour l'ériger en modèle en vue d'actions futures. Dans le langage de la sémiologie, une *occurrence* devient *type* ou opère à tout le moins comme « loi » pour la qualification-reconnaissance d'occurrences comme « entrant dans » ce type, c'est-à-dire en ressortissant. Le *Schulbeispiel* (version germanophone du *leading case*) n'est-il pas un *cas* d'école qui *fait* école, « fait » comme « *making* » dans *making sense ?*

En d'autres termes, une occurrence, ici le cas « eau », devient prototypique. On devrait dire, en toute rigueur de pensée, « protype » car elle est en quelque sorte à la place du type. En ce sens, le cas devient « modèle » pour des occurrences à venir, *jugées* analogues à cette occurrence de référence (ce repère), jugements présupposant des démarches faites de pesée des ressemblances et des dissemblances, des hésitations, des évaluations, avec une bonne dose de contingence, tous procédés révélant une certaine duplicité, à tout dire de la *mètis*. Le *leading case* qui guide, suggère donc une direction. C'est un modèle plastique, souple et dynamique ; il inspire par analogie, jeux de similitudes *et* dissimilitudes, et pas simplement des ressemblances, et moins encore d'assimilation « trait pour trait ». Le modèle ou cas-type (« protype »), évolue par rétroactions des diverses occurrences qu'il a attirées à lui (attracteur) par analogie en vue d'y faire appliquer un raisonnement semblable (et non identique) à celui qui a présidé à sa propre « précipitation », ou « sédimentation (dynamique) ». Si le cas d'école a pu *pragmatiquement* opérer, c'est que son ressort cognitif n'est pas de l'ordre trop strict d'une bijection (correspondance trait pour trait) mais d'un simple « suffisamment bon (pour) », *attracteur* qui se révèle donc tout aussi bien *matrice*. Il produit de l'ordre en offrant une direction pour le raisonnement par analogie, y opérant à la manière d'un modèle.

La pensée par modèle, ou modélisation, présente l'avantage de nous laisser au sein de la tension entre le genre et l'espèce, le général et le particulier. Un cas n'*est* pas une loi, il l'exemplifie emblématiquement en l'exerçant. Par cette dynamique, il permet de relier le passé comme expérience pragmatique, concrète, ramassée dans un cas, certes singulier parce que « protypique », à un « à venir », rendu accessible, au sens modeste d'envisageable, grâce aux similitudes projetées vers les occurrences futures. C'est dire combien le cas d'école ou *leading case* fait *sens*. Il s'avère épistémologiquement préférable d'affirmer que le cas (typique ou pas) *exerce* la loi plutôt qu'il n'en permet ou réalise l'*application :* exercer un art ou un instrument leur laisse, pour part au moins, la qualité d'agent, et par là d'authentique médiation, alors que le strict *instrumentum*, s'il existe, n'est que transitif laissant accroire à la possible neutralité du moyen, contrefactuelle en pratique. L'approximation, le « suffisamment bon (pour) », appliqué de surcroît de manière itérative, est au cœur de cette démarche dynamique, par opposition aux approches « analytiques » (au sens de la philosophie continentale) répondant à l'adage « le tout n'est que la somme des parties » suivant le réductionnisme moderne d'obédience toute cartésienne.

L'indice apparaît donc comme un « signe *épais* », contenant implicitement une règle d'extension logique de l'ordre du « si A *alors*... » : tout signe, et en particulier l'indice, recèle un renvoi à une réalité (matérielle ou immatérielle) autre que lui : si fumée alors feu, selon une inférence logique conjecturale, de l'ordre de l'expérience, du « bon sens » ou du « sens commun », techniquement une *abduction* mais dépourvue de nécessité absolue. Ce signe peut-être dit « épais » parce qu'il opère dans une fenêtre temporelle, structuration cognitive que l'on pourrait ramasser comme suit : un passé appréhendé par le futur dans la durée d'*une* opération cognitive complexe, un futur tout à la fois devenu possible par ce (même) passé, et orienté, guidé, anticipé par cette sédimentation dynamique.

On assiste alors à la « con-fusion » ou *fusion ensemble*, sans la moindre connotation péjorative, de la théorie et de la pratique, montrant à quel point il est réducteur de séparer le *logos* et la *mètis* : le savoir est *exercé* ou *impliqué* dans un contexte (donc le *cas*) constitutif de son sens, dans une co-élaboration de la *théorie* et de la *pratique*.

Le placebo comme indice – en tant que *trace de* et *trace pour* pris tout à la fois dans la *théorie* et la *pratique* – engage chez le sujet une lecture active. Cette lecture active est à comprendre comme une intégration par le sujet des suggestions que le contexte lui fait pour anticiper les phénomènes qui perturberaient ou favoriseraient son projet d'être vivant.

Le processus placebo entre ombre et lumière : un effet à la recherche de ses causes

Notre parcours autour du placebo nous a conduit à envisager ce que l'on entend par contexte. Le contexte est ce qui est lu par le sujet et simultanément ce que le sujet construit dans sa lecture. De ce fait, le contexte en tant qu'il est ce qui est saisi par le sujet nous échappe toujours un peu. Et, pourtant, c'est bien cela qui contribue à l'effet placebo. Dès lors, pour mieux comprendre le phénomène placebo, il nous faut étendre au domaine biologique cette prise en compte de la circularité fondamentale des relations qui lient la perception à l'action (Varela, Thompson et Rosch 1993) et qui associent le sujet à son contexte. Il s'agit ainsi de considérer le sujet comme se réinventant perpétuellement, tendu entre conservatisme et innovation dans une anticipation permanente. On voit ici toute la pertinence d'avoir reconnu au placebo sa valeur d'indice, pris dans un processus de lecture entre *trace de* et *trace pour*. Cette ambivalence oriente le sujet vers un modèle engageant une simulation à laquelle il pourra progressivement se fier. L'orientation actuelle des recherches en psychophysiologie éclaire particulièrement bien les projections que fait le sujet dans son futur immédiat, comme William James l'avait si bien décrit (Berthoz et Debru 2015). Nous allons insister sur la nécessité de considérer le placebo dans sa dimension dynamique. Nous verrons à quel point il est difficile, voire impossible, de proposer un moment initial à la circularité engagée dans un tel processus. Comme tout phénomène vivant, il a besoin d'épaissir le moment dans lequel il s'inscrit pour y lier tous les ingrédients que l'on appelle sèchement des facteurs.

Contextualisation et pluralité des perspectives

Dans son ouvrage *Le Secret du Vivant : Contre la pensée unique*, Michel Morange (2005) met en garde contre l'illusion de vouloir aborder une question de biologie dans une perspective unique. Il faut éviter de se focaliser sur ce que l'on croit être le cœur d'un mécanisme. Ce biologiste moléculaire affirme que l'on ne peut pas comprendre la signification fonctionnelle d'une pompe membranaire[25] par la seule analyse de son architecture moléculaire. Son évolution, au sens darwinien, et sa relation avec un ensemble de fonctions cellulaires qui en dessinent le contexte doivent aussi être prises en considération. Tout comme il faut comprendre le contexte historique et social de la fin de la Grande Guerre autant que les propriétés des virus qui ont

---

[25] Un gros complexe protéique intramembranaire qui contribue aux ajustements des mouvements de sodium et de potassium à travers la membrane.

assuré la propagation de l'épidémie de grippe espagnole pour saisir la signification de ce phénomène. Ce qui nous rappelle le devoir au départ de toute approche thérapeutique : attribuer une pathologie au sujet qui la présente plutôt qu'à un sujet idéal, la situer dans un contexte psychosocial singulier plutôt que dans une situation générale et abstraitement modélisée. De surcroît, on ne peut cerner le placebo sur la base d'une approche exclusivement psychosociale ou biomédicale. Il faut également le voir enraciné dans les propriétés fondamentales du vivant.

Ces considérations devraient réduire la tentation de faire du placebo « un objet » séparé de ses contextes, même si le langage donne une apparence de familiarité et l'assurance de connaître, ce que l'on peut nommer. Cette familiarité entretient une illusion d'explication : le placebo serait « la substance » que l'on administre quand on veut faire croire à quelqu'un, avec de bonnes ou de mauvaises intentions, que la médication proposée va lui faire du bien ; le placebo pourrait être aussi ce processus pervers qui viendrait altérer la nature rigoureusement scientifique d'un traitement médical spécifique. L'assurance de connaître ce qu'est le placebo invite quiconque à se méfier de toute entreprise susceptible d'introduire une « dimension placebo » dans sa pratique, avant même que soient compris les ressorts dudit processus.

Nous voulons centrer notre réflexion sur la question soulevée par Nicholas Humphrey (2002) : si la réponse placebo est un choix libre du sujet, pourquoi ne la donne-t-il pas spontanément ? Pourquoi faudrait-il un médiateur extérieur pour aller mieux ? Pour comprendre le phénomène placebo, il faut considérer que le sujet est en permanence à la recherche de signes, des signes que son expérience lui permet d'interpréter comme annonciateurs de perturbations susceptibles de modifier son fonctionnement. Selon la vérité populaire qui dit que « prévenir vaut mieux que guérir », ces signes seront autant de déclencheurs de réponses adaptatives anticipant les effets de la modification annoncée.

La stérilité du débat qui oppose frontalement inné et acquis tient à ce que ces deux options sont complémentaires et indissociables. Ce sont deux faces d'un objet multidimensionnel. Le développement de tout être vivant est un long processus d'apprentissage qui commence dès la multiplication cellulaire. Et l'épigenèse qui sous-tend ces transformations est la réponse à l'environnement cellulaire immédiat (physico-chimique) comme à celui, plus large, dans lequel s'inscrit l'embryon. C'est l'intégration, dans le bagage génétique ou la morphogenèse en cours, des traces des réponses adaptatives à des perturbations : ainsi, la peau peut devenir plus dure là où se forme une cicatrice, le muscle exercé se renforce. Cette intégration fonde la résistance des organismes vivants à de futurs aléas de même nature, elle désigne une mémoire. Avec, bien sûr, des variations biologiques, individuelles ou spécifiques, qui influenceront la stratégie selon laquelle ces aléas seront intégrés. La fameuse plasticité du vivant est une arme à double tranchant, à base de mémoire et d'oubli.

Comment saisir l'effet placebo dans sa dynamique ?

On pourrait dire qu'il court comme le furet. Le placebo est un processus, voire un phénomène. Il met en évidence une propriété fondamentale du vivant, sa capacité d'anticiper et, par-là, de s'adapter par avance[26]. Comme la mémoire, c'est un processus automatique involontaire, qui peut se passer des intentions du sujet qui l'anime[27].

Qu'il soit déclenché par une substance ou par un regard, le phénomène placebo se rapporte à une relation entre le sujet et son entourage. On peut l'observer chez des animaux. C'est la démonstration de ce que le « sujet » ainsi concerné en est bien un, activement engagé à chaque instant dans une production d'hypothèses sur les perturbations potentielles de son être au monde. Contrairement à ce que suggère la notion d'« hypothèse », ces hypothèses n'ont pas de caractère déclaratoire univoque, tant une mise en mots risque de trahir leur subtilité. En termes plus simples, l'hypothèse est une configuration physiologique, on pourrait

---

[26] Cette anticipation réduit l'effet de la perturbation attendue par la mise en place de réponses protectrices avant même que la perturbation atteigne son paroxysme. L'atténuation de la perturbation comme celle des défenses sollicitées est une réduction de coût.

[27] si l'injonction « souviens-toi » peut avoir de l'effet, c'est par la pertinence ainsi conférée à l'information à retenir.

dire une attitude exprimée par un ensemble d'activités biologiques concomitantes, dont l'effet réduit la perturbation attendue. Tout comme une posture peut favoriser la réception optimale du ballon dans un jeu de volley.

Pour restreindre temporairement la définition du phénomène placebo au domaine thérapeutique, ce phénomène exprime la manière dont un individu s'adapte à un traitement curatif. La propriété du placebo, quel qu'il soit, en assure la catalyse, ce qui rend compte de sa non-spécificité dans cette opération. Reste à cerner ce qui est catalysé, et ce qui l'empêchait.

De l'émotion comme réponse adaptative

Le placebo a une dimension de stratégie adaptative de type émotionnel. Ce qualificatif ne s'oppose pas à celui de rationnel, du moins pas dans le sens communément admis (Schenk 2009). L'émotion qualifie l'ensemble des processus adaptatifs aux sens physiologique et psychologique. Elle exprime l'évaluation de la pertinence pour soi d'une situation, d'un état, voire d'un projet : qu'est-ce que cela me fait ou me fera, comment suis-je concerné et comment m'y adapter ? Le discours que le sujet peut s'adresser parallèlement n'est qu'une tentative de désigner cette évaluation, en vue de la minimiser ou de l'amplifier[28]. La force du placebo, ainsi concentrée dans cette modulation, se réfère à la signification qui sera accordée à ce discours intérieur souvent non verbal, le sens (*meaning*) revendiqué par Moerman (Moermann et Jonas 2002) à propos du placebo.

Une précaution s'impose encore. Les dimensions que l'on reconnaît à l'émotion sont celles d'un ressenti et d'une expression comportementale. Le cadre physiologique dans lequel il faut inscrire ce terme pour aborder le processus placebo est plus large. C'est celui d'une pertinence pour soi, terme qui s'approche de celui, plus général, de sens. Cette pertinence désigne un « concernement ». Il s'agit de l'ensemble des processus, somatiques et psychiques, par lesquels l'individu répond à la pression de son

---

[28] Je connais cette épreuve : elle a une solution ou bien elle me paraît insurmontable.

environnement, selon le bilan de la négociation entre ses attentes, ses intentions, la compréhension de la situation dans laquelle il se trouve. Sous un regard physiologique, cet ensemble inclut également le fonctionnement de son tube digestif, l'activité sécrétoire de ses glandes, bref, lui tout entier, corps et âme. Une perspective qui traverse délibérément la frontière entre matière et esprit. C'est la prise en compte de l'individu comme une matière animée. Avec la certitude que les relations entre ces niveaux de fonctionnement sont bien souvent rétives à une traduction simpliste qui s'ancrerait sur une causalité simple, une raison, un *logos*. Comme le langage nous l'apprend, la métaphore reste le pont le plus sûr pour relier ces deux rives[29], encore une ruse de la *mètis !*

La meilleure stratégie adaptative consiste à prévenir la perturbation

Poursuivons notre métaphore, puisqu'évidemment c'en est une. Elle attribue au sujet la genèse permanente d'hypothèses anticipant à chaque instant les adaptations qui lui paraissent les plus pertinentes. Cette pertinence est assistée par un ensemble de mémoires[30] toujours actives, quel que soit le niveau de vigilance. Précisons en passant que la mémoire est un outil de prévision du futur, plus qu'une capacité de voyager dans le passé. Car même dans ce cas, le prétendu voyage dans le passé s'active dans un présent qui le détermine en grande partie, comme les historiens ne le savent que trop. Et le souvenir ultérieur de ce présent sera affecté par les remémorations dans lesquelles le sujet était engagé, comme le souligne l'abondance des travaux actuels sur la réactivation et la reconsolidation des souvenirs (Gisquet-Verrier *et al.* 2015).

---

[29] Dans une classe d'expression corporelle, il serait évidemment difficile d'exécuter un mouvement complexe en suivant une séquence d'instructions spécifiques pour mobiliser différentes articulations, alors que l'injonction de cueillir une pomme juste au-dessus de votre épaule droite contient toutes les instructions nécessaires...

[30] Le conditionnement pavlovien fait saliver, active le tube digestif avant même que l'estomac soit sollicité par l'arrivée de la viande à digérer. Ces mémoires dépassent la conscience de celui qui « se souvient », elles intègrent l'ensemble des transformations qui font l'écart entre celui qui « se souvient » et celui à qui « c'est arrivé ».

Pour exploiter au mieux le concept de mise à l'épreuve d'hypothèses, il faut s'engager dans une périlleuse proposition de conjectures. L'issue en est la comparaison entre ce qui est attendu et ce qui est constaté, l'évaluation d'une différence, d'un écart. Une sorte d'attente par défaut donne le signe de cet écart (en plus ou en moins) ou considère un bilan neutre : toujours le même état[31] donc rien à signaler, il convient de poursuivre le même effort adaptatif.

Tout se joue alors selon la manière dont ce changement est interprété et dont il engage le sujet sur une piste adaptative. Le domaine d'adaptation physiologique le plus favorable à une compréhension intuitive est celui de la thermo-régulation. Il montre que plusieurs niveaux d'instances adaptatives – parmi elles, *le comportement* (des décisions sur le réglage du chauffage ou l'habillement) et *les régulations physiologiques* (frissons, sudation, vaso-dilatation, *etc.*) – se prêtent à l'introspection. Un troisième niveau, *cellulaire et métabolique*, dont la description est surtout biochimique, reste plus opaque à l'intuition. Ainsi, la production d'hormones thyroïdiennes offre peu de manifestations faciles à observer dans l'instant. Tous ces niveaux, liés dans le fonctionnement global de l'organisme, peuvent être affectés par la détection d'un courant d'air froid, l'écoute du bulletin de météo, voire la conviction que le wagon frigorifique dans laquelle on est prisonnier est effectivement en activité.

Il est facile d'expliquer que la réponse à un réchauffement du sang qui circule est la production de sueur qui va refroidir la surface de la peau en s'évaporant. Mais il est plus difficile de comprendre que l'élévation de la température interne qui accompagne une poussée de fièvre s'accompagne de frissons sur une peau restée sèche. Cette réaction, paradoxale comme peut l'être la réponse placebo, résulte de l'effet indirect d'un virus sur les circuits hypothalamiques qui participent à la réponse thermorégulatrice. Tout se passe comme si dans la fièvre la température de consigne [32] était modifiée de

---

[31] Pour comprendre cette stationnarité, on peut penser au chien qui suit une trace odorante, dont le maintien de l'intensité ou son accroissement ont une même signification alors qu'une diminution sollicite une réorientation.

[32] La valeur avoisinant trente-sept degrés qui devrait être maintenue stable dans les conditions pour assurer l'homéothermie

quelques degrés, et avoisinait quarante degrés. Par conséquent, l'écart à la norme subit une inversion de son signe, et le malade combine tous ses efforts pour se réchauffer ! Même simplifié pour notre besoin, le principe d'un tel mécanisme peut rendre compte d'un effet placebo par l'insistance sur le contexte du sujet et de la lecture qu'il en fait.

Ces adaptations sont des réponses biologiques. Tout comme des émotions, elles peuvent être modulées par la prise de conscience des changements endurés et de leur signification. Lors du fléchissement de l'efficacité des réponses automatiques qui accompagne le vieillissement, le rôle des décisions conscientes visant à compenser ces insuffisances se fait sentir ; en témoignent les luttes fréquentes entre résidents d'un établissement pour personnes âgées pour le contrôle de l'ouverture de la fenêtre ou du thermostat. Leurs réponses physiologiques inconscientes sont affaiblies, ce contrôle volontaire peut les réchauffer et les rassurer. La thermorégulation peut paraître nous éloigner de la compréhension de l'effet placebo. Pourtant, ce détour veut souligner le rôle des réponses – contrôlées ou non – issues de l'évaluation que fait le sujet de ses propres ressources.

Les anticipations du vivant, un processus d'abduction ?

On gagne à considérer les anticipations du vivant à la lumière de la notion d'abduction, la sémiotique et la logique nous permettant de mieux comprendre le mécanisme fondamental du biologique qu'est l'anticipation. Qu'est-ce qu'une anticipation, si ce n'est la réduction des effets d'une perturbation *attendue*, en d'autres termes *conjecturée ?* Cette conjecture ou hypothèse – basée sur un pari – vise à anticiper la perturbation pour l'éviter ou l'amortir, soit pour l'*apprivoiser*. Cette opération, la logique la dénomme techniquement *abduction*. C'est une opération en fait des plus familières, on la pratique pourtant souvent à son insu, faisant sans cesse une suite de paris pour optimaliser son comportement.

L'exemple de la découverte scientifique illustre assez bien le statut de ces paris, et de l'illusion d'un savoir que l'on croit avoir acquis de manière purement rationnelle. L'abduction – comme réponse, sous forme d'un savoir conjectural, à un problème – trouble la logique de la découverte scientifique et révèle le « problème de l'induction » : à partir de combien de répétitions d'une expérience, suis-je *en droit* d'affirmer avoir établi la loi recherchée, supposée, conjecturée ?

Soit un sac de haricots, dont j'extrais une première poignée, déposant sur la table son contenu : des haricots tous blancs. Je tire une deuxième poignée : à nouveau, que des haricots blancs. Troisième tirage : rien que des haricots blancs ; ainsi de suite, les tirages successifs donnant encore et toujours des haricots blancs. Que puis-je en « déduire » dit-on en langage courant, ce qui constitue un paralogisme puisque l'on ne peut *déduire* qu'à partir d'une loi établie et non simplement conjecturée ? Que puis-je en inférer [33] ? En « bonne logique », que tous les haricots contenus dans le sac sont blancs. Cette conclusion semble d'autant plus robuste que l'opération a été conduite un grand nombre de fois avec un résultat invariable : des haricots blancs. Quand aurai-je atteint la certitude absolue que le sac ne contient que des haricots blancs ? Au millième tirage ? Au millionième ?... En toute rigueur de pensée, soit théoriquement, seul l'épuisement intégral du sac garantit qu'il ne contenait que des haricots blancs, une assurance fournie *a posteriori* seulement. Jusqu'à l'ultime tirage, je ne puis que conjecturer que tous les haricots du sac sont blancs.

Ne pourrais-je pas « de toute évidence » en inférer, *pratiquement*, et plus tôt, que le sac ne contient que des haricots blancs ? Pareille anticipation est certes *plausible* – et des plus banales dans la vie courante – mais pas *logique* au sens strict : aucune règle du monde réel ne peut fournir une loi nécessaire, absolue, décrivant *a priori* la situation, permettant ainsi d'en *déduire*, au moment de n'importe quel tirage, que toute poignée supplémentaire de haricots du sac contiendra nécessairement des haricots tous blancs. En bref « pré-voir », voir à l'avance et « pré-dire », le dire avant tirage effectif, lequel ne fait, semble-t-il, que corroborer l'hypothèse, mais ne corroborera rien en vérité, même si la

[33] « Inférer » nous permet de ne pas statuer sur le type de logique en cause : abduction, induction ou déduction.

dernière poignée extraite ne contient que des haricots blancs ! Ce qui est projeté comme un *a priori* est en fait un résultat, anticipé, parié, rétrospectivement mis en amont. En d'autres termes, la loi *conjecturée* que l'on espère *nécessaire* suppose un *choix, a priori*, la *décision* que tous les haricots de ce sac sont blancs, arrêtée avant d'avoir épuisé le sac, sans quoi toute anticipation s'avèrerait inutile ; il y a donc bien ici un coup de force cognitif, un *pari*, un acte qui relève de l'*abduction*. Le pari, mot courant pour une attitude courante, pragmatique : *abréger* les répétitions qui ne connaîtraient pas de fin du tout dans les cas d'ensemble infini d'éléments, ou une fin guère *atteignable* si les éléments sont en grand nombre. En bref, abréger et parier pour agir.

Cette anticipation appelée *abduction* en logique se déploie ainsi : un *Résultat* étant donné (tel tirage [34] donne une poignée de haricots tous blancs), je dois inventer *simultanément* la *Règle* (ce sac ne contient que des haricots blancs) et le *Cas* (que tous les tirages effectués donnent des haricots blancs), de telle sorte que si le Résultat connu (puisque donné) est un Cas de cette Règle, alors la situation indécise est pragmatiquement apprivoisée : je peux *raisonnablement* (mais pas *absolument*) m'attendre à ce que tous les tirages supplémentaires ne contiennent que des haricots blancs. Ce mode d'inférer en conjecturant se distingue de la déduction en ce qu'il n'est en rien logiquement contraignant ou nécessaire. L'esprit humain procède généralement par abduction dans la *pratique*[35] *:* le piéton passe au vert (pour lui), conjecturant que les autos, elles, respecteront leur feu rouge, que remettant un gros billet au sommelier, il reviendra avec l'indû temporairement remis. La décision prise ainsi contribue à lever les incertitudes résiduelles et permet de poursuivre l'action, au prix peut-être d'une correction. C'est une manière de pari dont le risque tient à la pertinence des signes qui le fondent (Berthoz 2002).

---

[34] *Tel* tirage devient rapidement un *chaque* tirage, « chaque » ne portant en réalité que sur *un certain nombre*, dont la fixation objective est impossible.

[35] Nous retrouvons ici les scripts et autres scenarii sociaux, les attentes légitimes qu'ils font naître.

Le placebo, une simulation du vivant

Une boutade métaphysique de Jean Cocteau le résume magnifiquement : « ce désordre nous dépasse, feignons d'en être les organisateurs ». D'une certaine manière, le vivant opère selon des processus abductifs à partir d'hypothèses qui guident le comportement. On se gardera de croire que ces hypothèses se formulent dans une succession d'instants discrets. Au contraire, on doit prendre en compte le « moment présent », l'état du sujet dans un épaississement du temps qui relie les dimensions passées et futures à la conscience que l'on peut en avoir, et les activités « obscures » propres à chacune. Ce sont des activités dont justement la conscience ne peut complètement rendre compte du fait de la multitude des « ça »[36] physiologiques ! Ce bouillonnement combine des attentes et leur conséquence, une synthèse dans laquelle les intentions conscientes sont un simple partenaire.

Convoquer l'abduction permet également d'animer les hypothèses et leur mise en action dans la simulation biologique de ce qui va advenir. Car comment évoquer sans frissonner un emprisonnement dans une chambre froide, comment donner à cette idée une amorce de réalité sans lui adjoindre une composante corporelle ? Comment penser sans simuler, si peu que ce soit, pour se convaincre de la « réalité » de cette idée ? On pense avec son corps et, comme on le sait, toute pensée n'est pas volontaire et intentionnelle, même si elle peut le devenir. Le processus placebo est l'animation d'une simulation qui manifeste ce que l'individu peut attendre de cette frange de futur qui étend son présent. Simulation dont le réalisme se fonde sur l'activation des réseaux de neurones qui seraient activés si le stimulus attendu était effectif. Simulation biologique, affectée par la conscience, sans être contrôlée par elle. Tout au moins pas au sens du pouvoir que l'on confère à l'idée de contrôle.

Un effet qui s'entraîne

Pour rendre compte des phénomènes placebo, on a vu que Benedetti *et al.* (2005) considèrent deux dimensions de cette

---

[36] Il paraît en effet très peu réaliste de parler « du ça », tant le terme recouvre de multitudes de processus biologiques.

adaptation : soit une forme de conditionnement par lequel un certain contexte a été codé à plusieurs reprises en association avec une perturbation ; soit la mise en lien d'un événement avec la mémoire de ses retentissements sur la dynamique fonctionnelle de l'organisme. Ces perturbations sont ainsi marquées par les réactions adaptatives qu'elles ont induites et qui forment les signatures biologiques de ces émotions. Selon le conditionnement pavlovien, elles poussent l'individu à produire cette signature avant même la perturbation, telles les anticipations que l'on connaît à l'idée de la séance chez le dentiste. Anticipations qui naissent involontairement, qu'elles soient inscrites culturellement ou non.

C'est donc l'expression, comme nous l'avons suggéré à plusieurs reprises, de l'ensemble des attitudes d'un individu face à ce qu'il comprend du contexte dans lequel il se trouve. C'est ce qui amène Moerman à constater que le terme même d'effet placebo déforme dramatiquement notre façon d'appréhender la question (Moerman 2013). Le terme placebo oriente l'attention sur la substance inerte en détournant de ce qui est pour le sujet lui-même la dimension pertinente (*meaningful*), que l'on tend ainsi à escamoter… en escamotant le sujet au profit du traitement !

Des explications scientifiques de l'effet placebo (Benedetti 2014) permettent de rendre compte d'effets surprenants. Par exemple, lorsque l'on administre à des patients atteints de la maladie de Parkinson un placebo à la place du médicament qui enrichit leur cerveau en dopamine, on constate chez eux une libération de dopamine alors même qu'ils en manquent (De La Fuente-Fernandez et Stoessl 2002). Comment se fait-il que leurs neurones moribonds libèrent une substance qu'ils peinent à produire, au simple signe de l'arrivée du précurseur de la dopamine par le subterfuge placebo ? De fait, ils se comportent à la manière des habitants d'une ville assiégée qui consommeraient leurs dernières réserves à l'annonce de l'arrivée des secours. Serait-ce donc que pour le vivant en général, le signe peut prendre valeur de réalité ?

Pour aborder plus directement le rapport entre ces signes et leur interprétation, nous allons examiner les dimensions de ce qu'il est convenu d'appeler *analgésie placebo*, puisque la douleur est un état qui résulte d'une combinaison entre une atteinte de l'intégrité corporelle et la conviction qui en émerge que la situation est grave. Cette gravité change les priorités d'action et l'évaluation de la situation. Pour aborder ce point, nous devrons considérer quelques dimensions moins connues de la douleur et de la souffrance, dans la perspective d'un individu mettant à l'épreuve ses attentes sur le préavis de la douleur ressentie, et, de la sorte, ses stratégies adaptatives.

Placebo et douleur

Le processus placebo affecte, par anticipation d'un changement, la vigilance de l'individu, en même temps que ses réponses biologiques spécifiques et son être au monde psychologique. Aussi, la douleur – cette réaction émotionnelle de l'homéostasie à une atteinte à l'intégrité du corps (Craig 2003) – est inévitablement la cible de modulations de type placebo. Insistons une fois encore sur la nature abductive de ce va-et-vient interprétatif. C'est elle qui rend compte de l'existence d'une « auto-modulation » de la douleur par le sujet qui en décode le contexte, d'où un certain apprivoisement de la douleur.

Un couplage délicat entre physique et mental

Les réponses à la douleur et la douleur elle-même émergent de la détection de processus matériellement observables, les dommages subis par le corps, activant des neurones spécifiques chargés de coder ces sensations. Mais tous les dommages corporels, même les plus extensifs, ne « font pas forcément mal », comme en témoignent certains récits de soldats blessés. Par ailleurs, les douleurs intolérables animant des membres fantômes, donc une région du corps absente du fait de l'amputation, échappent elles aussi à cette logique.

La médecine du XXe siècle témoigne de l'échec de tentatives chirurgicales visant à supprimer la douleur en bloquant la transmission au cerveau des signaux produits par l'activation des neurones récepteurs appelés noci(ré)cepteurs. Non pas que les interventions visant à en réduire l'activation n'aient pas d'influence sur la douleur ressentie, mais il est apparu trop souvent que la logique qui sous-tend cette transmission reste obscure. Surtout lorsque la douleur dépasse le simple signal avertisseur qui permet de retirer ses doigts de la plaque et s'établit dans la durée de la douleur chronique. L'intervention chirurgicale avait le plus souvent des effets uniquement transitoires et la douleur reprenait, comme si elle s'était frayé un chemin contournant l'interruption de transmission (voir Besson 1992).

L'*analgésie placebo* prit toute sa vraisemblance dès l'observation de ce que l'action d'opiacés comme la morphine était « imitée[37]« par des opiacés endogènes dits endorphines[38], produits par certaines glandes de l'organisme et dans certains circuits nerveux (Snyders et Childers 1979). Il existait donc bien des mécanismes propres à l'individu pour moduler les ressentis douloureux. De plus, le blocage chimique des récepteurs impliqués dans cette modulation par un agent appelé naloxone interférait avec l'analgésie placebo (Basbaum et Fields 1978), ce qui témoigna de son identité physiologique. Placebo « était bien en partie dans la tête » selon l'expression méprisante que l'on utilisait souvent pour les douleurs inexplicables. Il appartenait pour son expression à des mécanismes reconnus scientifiquement, ce qui devait changer le ton. Pourtant, tout comme dans le cas de l'Illusion Psychosomatique (Dantzer 1989), il restait à comprendre ce qui entretenait une illusion si réaliste !

Quelle forme de stimulation peut engendrer une douleur ?

Puisque l'activation des nocicepteurs ne peut être considérée en toutes circonstances comme une cause nécessaire et suffisante pour que le sujet éprouve de la douleur, on doit élargir le problème en recherchant ce qu'il y aurait de commun à toute circonstance susceptible d'engendrer et d'entretenir une douleur. On pourrait également analyser les

---

[37] Intéressante validation d'un mécanisme interne à l'individu à partir de l'action de substances exogènes !

[38] Famille de substances de nature peptidique, libérées dans l'organisme dans les circonstances qui mettent à l'épreuve ses ressources adaptatives (effort intense, stress physique ou émotionnel). Elles agissent en se fixant sur des récepteurs cellulaires qui peuvent aussi accueillir les opiacés, ce qui va déclencher une analgésie et engendrer un état de résistance psychique à la douleur, jugé parfois très positivement.

conditions qui activent les mécanismes connus pour assurer l'auto-atténuation de la douleur, notamment dans l'analgésie placebo. On sait que la douleur sociale et la douleur affective, celle du deuil notamment, engagent chez celui qui les ressent, l'affirmation d'une atteinte organique, le cœur brisé par exemple (Eisenberg *et al.* 2004 ; Eisenberg *et al.* 2006). On pourrait en inférer qu'une douleur symbolique, parfois même celle que l'on éprouve à voir souffrir un congénère, active les mêmes structures cérébrales chez l'observateur et la victime. Cette hypothèse trouve une esquisse de confirmation dans des travaux récents (Dantziger *et. al.* 2009 ; Dantziger 2010).

Ainsi ce serait l'intégration de stimulations diverses – d'informations, peut-on dire – qui aboutit, à travers une interprétation qui lui donne sa pertinence, à cet état d'alarme généralisé et d'urgence qui sous-tend et motive les réponses comportementales de la douleur. Un état que l'on peut résumer par la formule « faire que cela cesse par tous moyens », un refus qui peut être épuisant. Dans une perspective soutenue par des travaux de Moshe Bar (2007, 2011), nous avons décrit l'individu dans une vigilance permanente, lisant tous les signes qui lui permettraient de contourner les perturbations coûteuses de manière à anticiper les régulations les plus adéquates[39]. Des travaux récents proposent que la douleur émerge d'un constat d'échec de ce projet d'anticipation, par la détection d'une discordance récurrente dans cette production d'hypothèses. Une discordance qui est également une perte de sens.

Harris (1999) s'inscrit dans cette même ligne. Selon lui, la douleur est une réponse à une situation dans laquelle le sujet vit de manière prolongée : celle d'une absence de cohérence entre ses attentes et les retours obtenus. Il vit en somme une perte essentielle de la cohérence de soi, puisque privé de ses antennes, de cette capacité d'anticipation. Il se trouve dans une vulnérabilité permanente. Dans cette perspective, une atteinte effective de l'intégrité du corps physique peut être assimilée à une perte de cohérence objectivable.

---

[39] Se réchauffer avant que le refroidissement ne s'installe, par exemple.

Des spéculations sur le processus même du placebo

On peut formuler quelques hypothèses fondées sur l'approche psychophysiologique du phénomène placebo. Avec pour premier objectif de montrer que ses manifestations témoignent de la propriété fondamentale du vivant : une anticipation fondée sur un élargissement de l'instant présent, composant autant d'hypothèses préparant la signification du futur immédiat (voir Berthoz et Debru 2015).

Cet instant présent a, selon nous, un certain nombre de caractéristiques qui expliquent l'effet placebo. C'est un codage de l'ensemble du contexte actuel, toujours doublé par une mémoire silencieuse et exhaustive. Cette mémoire est « le livre des perturbations » vécues par le sujet (humain ou animalcule), et de leurs contextes au sens large (situation et adaptations déclenchées). C'est un ensemble de traces plus ou moins spécifiques, propres au sujet. Des fragments sélectifs de cette mémoire sont réactivés involontairement par la détection de certaines traces dans le contexte actuel ainsi que par les intentions du sujet. L'ensemble de ces activations, biologiques ET psychiques, élabore une esquisse de ce qui est le plus probable dans le futur, en animant par avance les marques sensorielles attendues ainsi que des préparations motrices. C'est un paysage fonctionnel qui assemble émotions, mouvements réels et en puissance, sécrétions endocriniennes. Il anime une vigilance sélective. Cette esquisse grossière alimente une comparaison, un contraste, entre le probable simulé et le « réel » rencontré par les sens[40]. Cette opération repose sur l'hypothèse par défaut – c'est-à-dire celle faite en cas de stabilité – que la différence est nulle ou négligeable, non pertinente. Quand le contraste est faible, le sujet peut prolonger ses attentes car ses hypothèses ne sont pas significativement invalidées. En d'autres termes, si le projet d'être plus confortable n'est pas contrarié, le résultat de cette opération valide en quelque sorte ses attentes. S'il s'agit d'avoir moins mal, la réduction constatée peut encourager les circuits qui estompent la douleur et modulent les réponses immunitaires. D'autres

---

[40] Une interprétation qui repose sur l'ensemble des traces activées simultanément, ainsi que, parfois, la volonté déclaratoire du sujet.

paramètres biologiques qui expriment ces attentes seront également entretenus dans leur expression.

D'où la proposition que le processus placebo fonctionne sur la base d'une différence « suffisamment bonne » pour entretenir et donc animer l'attente d'une amélioration, tout en évitant le constat brutal de la permanence de la douleur. Toutefois dans le cas du phénomène placebo, les retours attendus sont ceux de changements propres au sujet lui-même, une sécrétion de dopamine dans l'effet placebo sur un patient atteint de Parkinson. Dans le cas de la douleur, le retour attendu est celui d'une moindre activation de la matrice de la douleur (Tracey et Mantyh 2007). L'attente d'une réduction de cette activation est déjà anticipée par la mise en route des mécanismes qui atténuent ces signaux, pour simplifier, des neurones libérant des endorphines (voir Beauregard 2007). Un saut épistémologique est alors nécessaire pour accepter l'hypothèse que dans certains cas, il y a tentative de correction de l'anomalie par amplification des mécanismes atténuateurs. Et le saut épistémologique mentionné se double d'un retournement de la question fondamentale au placebo, qui est de comprendre à quelles conditions il ne se manifeste pas, en suivant la logique amusante que propose N. Humphrey (2002).

Tout se passe comme si la fameuse homéostasie – cette presque stabilité du milieu intérieur assurant le bon fonctionnement biologique – était le produit d'une approximation évitant des fluctuations coûteuses. Il faudra alors la détection de quelques contrastes, considérés pertinents dans la situation, pour déclencher une correction, simplement par simple accroissement de l'intensité de l'effort adaptatif déjà en cours, parfois par le déclenchement de nouvelles stratégies, induisant une rupture plus importante, et donc un coût plus élevé.

Ces réflexions doivent attirer l'attention sur le « pourquoi » du placebo d'une manière qui dépasse la question du « comment » : pourquoi les anticipations sur lesquelles repose le processus placebo requièrent-elles ce que l'on peut appeler une mise en scène biologique, psychologique et sociale du sujet ? Et ceci pour mettre en route des processus qui traduisent des forces d'auto-guérison. Autrement dit, si la douleur est si détestable, pourquoi une analgésie placebo ne se déclenche-t-elle pas sur la simple base des moyens de régulation de cette douleur ? Il faut envisager, comme pour la thermorégulation, l'existence d'une sorte d'instance de décision. Laquelle n'est certainement pas une simple décision volontaire et arbitraire, mais demande des gages de l'adéquation de la mise en œuvre de processus de guérison.

Cette perspective du processus placebo suggère que la lecture du contexte réoriente les préavis sur la signification des événements. Elle suppose deux faces différentes et complémentaires : installer un futur vraisemblable et l'entretenir tant qu'il reste vraisemblable.

Le placebo : vraisemblable et faux-semblants

Que retenir au terme de ce parcours réflexif autour du placebo ?

Il convient peut-être tout d'abord de revenir au point de départ de notre réflexion, ce mot d'avertissement qui faisait du placebo – pourtant dépourvu de toute substance active – tout à la fois un agent double et un agent trouble. En cela, empreinte de mystère, l'identité sulfureuse du placebo rendait nécessaire une approche interdisciplinaire, qui se saisisse de la multidimensionnalité de l'objet, sans en écraser les particularités.

Pour certains, le placebo est une chose. Il est ce « faux », semblable au médicament, qui trompe le patient, pour son bien, le plus souvent. Pour d'autres, le placebo est un effet, plus ou moins indésirable, qu'il convient de contrôler afin de ne pas biaiser les démarches scientifiques entreprises. Enfin, pour d'autres encore, il est un phénomène entre corps et esprit, un phénomène un peu fourretout mais bien utile pour expliquer l'inexplicable de certaines guérisons ou réductions de symptômes.

Pour notre part, nous avons choisi de ne pas choisir entre ces différentes appréhensions du placebo. Au lieu de cela, nous sommes entrés dans cette problématique en interrogeant la notion même de placebo pour ensuite comprendre ce qui pouvait lier le placebo-chose, le placebo-effet et le placebo-phénomène. En cela, nous avons souhaité souligner la forte intrication de trois pôles de la démarche scientifique, à savoir le langage (sémiologie), le savoir (épistémologie) et le monde (ontologie). Ainsi, après avoir considéré l'histoire du mot, nous avons alors interrogé parallèlement le placebo comme signe, comme phénomène et comme effet.

La première étape de notre parcours de réflexion a consisté en la considération du mot « placebo ». De cette manière, nous avons pu éprouver l'épaisseur de son sens, construit au gré des contextes sociohistoriques et de l'intérêt des acteurs l'employant. Nous avons pu éviter l'illusion de croire que les formes linguistiques avaient un sens transparent et entièrement partagé. Plus encore, cette réflexion sur le mot a fait émerger certaines des contradictions lovées en son sein.

C'est cette première étape autour du mot qui nous a menés à la seconde étape : le placebo comme effet, de l'effet indésirable dans les études cliniques à l'effet désiré – quoique souvent décrié ou caché – dans la relation clinique. En effet, réapparu mystérieusement au XVIIIe siècle dans le domaine médical, le mot « placebo » va osciller au gré des décennies entre deux grands référentiels de ce domaine, celui des essais cliniques et celui du soin. S'il est clairement un biais à évacuer ou à circonscrire dans le premier, il est plutôt un bien dans le second. Néanmoins, ce bien est entaché de connotations négatives : soit il est manipulation et tromperie, soit il est charlatanisme. Ces connotations s'expliquent probablement par le fait qu'il défie une approche fondée uniquement sur le *logos*, pour intégrer la ruse de la *métis*. Dans un tel contexte de sens, l'emploi du placebo met alors en question tant l'intégrité d'un corps de métier, les soignants, que la valeur des gestes et de la relation de soin.

La question de l'effet, et sa place décriée dans le traitement, nous a amené à considérer le déclencheur de l'effet placebo (le stimulus). Plutôt que de réifier le placebo, nous avons considéré ce déclencheur comme un processus. Cela nous a conduit à envisager le placebo comme un signe, la troisième étape de notre parcours de réflexion. Envisager le placebo comme signe, et plus précisément comme indice, nous a permis de saisir la manière dont il entretient une relation dynamique avec un individu, doté, d'une part, de théories à propos de son propre fonctionnement et pris, d'autre part, dans un espace temporel épais fait d'échos du passé et d'orientations vers le futur. Comme signe, le placebo est une indication orientant vers l'aller-mieux, une anticipation en direction d'une forme de soin.

Le fonctionnement indiciel du placebo comme signe éclaire et, dans le même temps, se voit éclairé par une explication psychophysiologique du placebo, la quatrième étape de notre parcours de réflexion. Comme phénomène, le placebo met en évidence la capacité du vivant de s'adapter par avance. Cette capacité d'anticipation est relative à la production de conjectures, que nous avons appelées abductions. Le placebo n'est dès lors plus à comprendre comme un objet séparé du contexte dans lequel il s'exprime mais comme la production d'hypothèses, l'animation d'une simulation intentionnelle ou non-intentionnelle chez l'individu. Cette simulation prend source dans un rapport au temps non pas discrétisé mais épaissi, c'est-à-dire tenant compte du fait que l'instant vécu par l'individu est également composé de projections quant au futur immédiat. De ce fait, comme nous le disions plus haut, le phénomène placebo se comprend à l'aune d'un double processus, celui d'installer un futur vraisemblable et celui de l'installer tant qu'il reste vraisemblable.

L'énumération des différentes étapes ayant composé notre parcours de réflexion nous amène à ajouter un dernier terme à notre inventaire conclusif : le placebo comme occasion. C'est ultimement cela, une occasion, que (le) placebo a été tout à long de ce chapitre, une occasion de penser ensemble. Comme occasion, le placebo a été moteur de l'inter-disciplinarité. Il a, dans un premier temps, engagé chacun des membres de notre groupe à définir la façon dont sa discipline s'emparait de l'objet ou pouvait s'en emparer. Puis, dans un second temps, il nous a conduit à envisager comment les perspectives disciplinaires pouvaient dialoguer entre elles pour contribuer à une compréhension plus fine de l'objet. Enfin, dans un troisième temps, la réflexion autour de placebo nous a conduit à réévaluer nos façons de faire de la science.

Pour le reste, revenant à la substance, nous pourrions conclure par ces mots quelque peu subversifs : le placebo est un médicament… et réciproquement.

Symétrie

L'INTRANQUILITÉ DU REGARD ET
L'APPARITION DE LA SYMÉTRIE

In girum imus nocte et consumimur igni.

(Virgile ?)

Rechercher le *même* ailleurs

Le bloc de pierre, aux aspérités hétéroclites, est entraîné par la rivière sauvage dans une course folle. Il se heurte alors à d'innombrables obstacles, aléatoires, et incompatibles avec son irrégularité. Au cours de cette confrontation, les divers aspects sous lesquels il se présente, se distinguent de moins en moins, leur différence s'estompe. À la longue, la pierre se rapproche de cette forme idéale qui présente la plus petite résistance à toute opposition à venir : la sphère – elle est l'image de la symétrie parfaite.

La sphère est aussi la forme des planètes de notre système solaire. Quelle que soit la position de l'observateur, chaque planète lui apparaît sous ce même aspect. La symétrie particulière de la sphère rend son apparence indépendante du point de vue d'où elle est observée. Comme si l'objet – ou l'observateur – était à l'infini ?

La quête du même

Le miroir multiplie le monde visible. Il met en lumière un phénomène ubiquitaire et nécessaire de notre perception du monde : la recherche de familiarités, de ressemblances dans notre environnement. Le regard recherche des parentés. Une grande partie de notre connaissance est basée sur une forme de classification, c'est-à-dire de regroupement d'objets *semblables*, qui permet par contraste de mieux discerner, nommer et interpréter ce qui nous entoure. C'est la quête du même qui nous rapproche d'une compréhension possible de notre entourage. Considérons quelques exemples.

L'œil qui explore la magnifique rosace de la cathédrale de Strasbourg est immédiatement captivé et intrigué par sa structure complexe. Une forme de redondance apparaît rapidement. Pour mieux comprendre cette structure, l'œil va parcourir les différents éléments qui la composent et qui semblent se répondre dans une parenté évidente tout en conservant pourtant une identité propre, ne serait-ce que par leur position. Le regard explore cette situation dans la recherche animée d'un principe de simplicité. Plus précisément, il est à l'affût de *mêmes*.

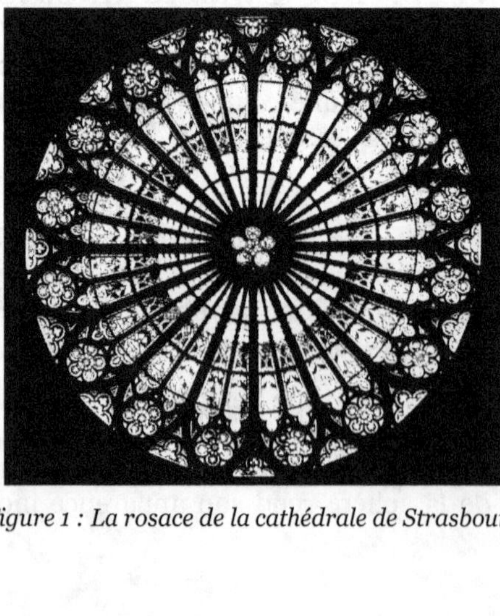

Figure 1 : La rosace de la cathédrale de Strasbourg

Dans le cas de la rosace, certains éléments s'imposent spontanément par leur parenté évidente. Leur perception est double : nous les voyons apparemment comme *mêmes,* mais ils restent pourtant situés clairement à des endroits *différents*. Ils créent ainsi une structure (de parenté) spatiale sous-jacente, une sorte de grille de lecture de la rosace. Une grille qui permet à l'œil de réduire considérablement la complexité de celle-ci. Le regard peut limiter son exploration à des détails tout en ayant la faculté de réinsérer facilement ses découvertes dans l'ensemble de la structure. Il s'engage dans un va-et-vient dynamique du local (détail) au global (structure spatiale). L'image et son organisation s'affinent progressivement. Et c'est l'apparition de la symétrie.

De même, lorsque nous écoutons de la musique, notre plaisir est naturellement tributaire du fait que certains événements musicaux se *répètent*[41]. C'est en premier lieu le cas du rythme, c'est-à-dire de cette pulsation faite de moments forts et de moments faibles qui se répondent selon un schéma régulier sur un laps de temps suffisant. Ce schéma doit être assez simple pour que nous puissions le percevoir, le mémoriser et le prédire. Mais en dehors du rythme nous discernons dans l'expérience musicale d'autres formes de répétitions, cette fois dans l'univers mélodique et harmonique de la musique. Nous distinguons des thèmes, des motifs, voire de simples événements identifiables, qui se répondent, disparaissent et reviennent. L'intérêt et l'émotion que nous procure la musique dépendent très probablement de cette perception d'un *connu* qui se manifeste, disparaît, se répète et qui crée une attente qui nous pousse à prévoir la suite. Cette incertitude ne constitue pas, bien sûr, une explication du mystère musical, mais semble y participer fortement.

Ce plaisir de retrouver des éléments similaires à des endroits différents est une composante essentielle de nos émotions artistiques. L'architecture, et la fascination qu'elle exerce par les éléments et les volumes qui se répondent dans une

---

[41] Un problème mathématique difficile est la recherche d'une séquence *sans* répétition. Le mathématicien Scott Rickard en fait une illustration avec ce qu'il appelle *la musique la plus laide du monde.* (TED https://www.ted.com/talks/scott_rickard_the_beautifulmath_behind_the _ugliest_music).

similitude ostensible, est un autre exemple où ce plaisir se manifeste. Par ailleurs, même une simple phrase peut nous surprendre par la subtilité de sa construction. La citation ci-dessus, attribuée à Virgile, cache sous son apparente banalité, une structure de palindrome[42], ce phénomène de symétrie qui autorise la lecture de gauche à droite ou de droite à gauche, alors que – à condition d'être un peu généreux avec la position des blancs – la phrase reste la *même*.

L'émotion esthétique n'est cependant pas seule à se nourrir de la fertilité de la récurrence du *même*. L'activité scientifique, elle aussi, se base fondamentalement sur la recherche de *régularités*, c'est-à-dire le fait de retrouver les mêmes objets, les mêmes phénomènes à des endroits, des moments ou dans des contextes différents. Les chercheurs utilisent ces régularités, de manière essentielle, à travers diverses formes de constitution du savoir : l'observation systématique, l'expérience, l'induction, l'abduction ainsi que de nombreuses autres méthodes de lecture et d'interprétation de possibles indices répétés. La science est généralement à la recherche de *lois*. Connaître une loi scientifique, c'est précisément avoir la certitude de trouver le *même* effet si la cause est *semblable*. Encore faut-il se mettre d'accord sur l'extension – sur l'élasticité[43] – des termes *même* et *semblable*.

Le phénomène de la vie lui aussi se manifeste de préférence sous une forme symétrique, que ce soit la symétrie bilatérale omniprésente chez la plupart des animaux, ou les diverses et nuancées symétries des plantes[44]. De plus, la symétrie se retrouve de manière essentielle dans le processus de l'évolution à travers le phénomène de la *reproduction*, cette recréation du *même*, mais pas de l'identique. Une simple *réplication* à l'identique ne permettrait pas, en effet, l'apparition de la *nouveauté*, qui constitue la clé du processus d'adaptation. Dans un autre registre, d'innombrables artefacts humains, souvent imités de la

[42] Et c'est la seule raison pour cette citation de figurer en tête de ce texte.

[43] Comme le remarque et le retient Bertrand Russell : « All exact science is dominated by the idea of approximation. »

[44] Se pourrait-il que la symétrie d'une fleur simplifie le mécanisme de reconnaissance de cette fleur par un insecte ?

nature, sont construits de manière symétrique. La production industrielle accentue fortement l'apparition de séries d'objets semblables. D'où vient la prévalence de ce type de structure ? Au moins deux pistes d'explication se présentent. Il est vraisemblable que la symétrie naisse d'un principe *d'économie* qui, dans le cas des arts et des artefacts, est doublé d'un principe *d'esthétique*.

Plus généralement, la lecture intelligente du monde autour de nous ne nous est possible que parce que nous pouvons y retrouver des éléments déjà connus, déjà vus, éléments que nous pouvons identifier, comparer et replacer dans la situation actuelle, et à partir desquels nous pouvons nous adapter. C'est ce qui est nécessaire à toute forme de communication : nous devons repérer, voire anticiper dans le message de l'autre les mêmes formes que celles que nous connaissons, bien que l'écriture ou les sons qui les transmettent puissent varier fortement. Il nous faut aussi saisir l'écart par rapport aux différences. Dans tous les cas, la mémoire est le véritable générateur et amplificateur du *même* dont elle fait l'hypothèse.

C'est ce principe universel de *retrouver le même ailleurs* que nous appellerons symétrie.

Le point important de la symétrie est donc l'idée du *même*. Il ne s'agit pas d'identité, car deux choses distinctes (par exemple spatialement) ne peuvent pas être identiques au sens strict du terme. C'est bien plutôt d'une *parenté* qu'il faut parler, c'est-à-dire que certains aspects peuvent se retrouver, comme la forme géométrique, la couleur, la taille, la texture, la transparence ou encore la décoration. Mais cette parenté n'est pas forcément vue par tous les observateurs de la même façon. Le processus de percevoir le *même,* de découvrir une symétrie, conserve donc une dimension subjective.

Il suffit de regarder un papillon pour voir que *même* ne signifie pas *même en tout point*, mais que cette appréciation est le fruit d'une abstraction et d'une reconstruction : les ailes avec leurs formes, couleurs et leurs détails ne sont pas superposables. Nous ne pourrions pas remplacer l'aile gauche par la droite. Qu'est-ce qui nous fait dire qu'elles sont les mêmes ? Elles ne sont pas identiques, car on ne peut pas substituer l'une à l'autre. Elles sont considérées comme *mêmes,* de manière plus abstraite, parce qu'elles sont des *images miroirs* l'une de l'autre. Le papillon est l'exemple parfait de la *chiralité* : chacune de ses ailes est l'image miroir de l'autre, mais ses ailes ne sont pas superposables. La perception de la similitude n'est donc – malgré les apparences – pas immédiate, elle est le résultat d'une opération mentale.

Figure 2 : Le papillon, deux visions de sa symétrie
(Muséum de Toulouse-Didier Descouens, CC BY-SA 4.0)

En général, quelles sont les propriétés de la relation qui relie les *mêmes* ? Il est tentant de se référer au modèle mathématique de la relation d'équivalence, caractérisée par les propriétés de réflexivité, de symétrie et de transitivité. Or s'il est évident qu'une chose est la même qu'elle-même (réflexivité), et que si A est le même que B, alors B est le même que A (symétrie), le doute peut s'installer pour la transitivité. Car si A est le même que B et B le même que C, alors A est-il toujours le même que C (transitivité) ? Cette dernière propriété semble plus problématique, en tous cas dans sa version itérée. En effet, la répétition peut créer un écart grandissant entre le premier et le dernier des objets considérés, comme le montre l'exemple suivant. Prenons un instantané d'un tas de sable, puis un instantané du tas auquel nous avons enlevé un grain : les deux tas ne semblent pas se distinguer. Puis poursuivons en enlevant à chaque pas un nouveau grain. Si pendant plusieurs itérations de cette procédure le tas semble toujours le *même*, il est clair qu'à long terme, cela ne sera plus le cas et à la limite, il ne restera plus de sable du tout. Généralement, la relation entre mêmes est donc clairement réflexive et symétrique, mais *transitive* uniquement dans un sens local, limité.

Pour déceler le *même*, c'est-à-dire rendre visible ce lien de parenté forte entre deux choses différentes, il faut activer un mouvement *d'abstraction,* de simplification. Ce mouvement permet d'occulter certaines caractéristiques discriminantes, rendues par ce fait moins pertinentes. On ne retient alors que des aspects de *ressemblance.* Ce qui s'impose à notre perception, ce sont alors les signes d'une appartenance à une catégorie commune, une classe de choses équivalentes.

Si nous parlons de *mêmes* objets, cela revient donc à dire que nous avons précisément créé une sorte de classe d'équivalence, autrement dit, un *concept.* C'est cette perception du *même* qui nous permet d'écrire, de lire et plus généralement de communiquer, mais aussi de percevoir, de nous adapter et d'argumenter. Le mot « bonheur » par exemple peut être écrit de mille graphies possibles, transmis de manières très diverses et pourtant nous le reconnaissons, parce qu'il possède un *invariant* qui nous permet de l'attribuer à la même classe d'équivalence. De la même façon, ce mot peut être prononcé avec des intonations ou des accents très différents, sans que cela nous pose un problème de compréhension.

L'activité mentale qui nous autorise à construire ces classes d'équivalence, c'est *l'analogie,* qui joue un rôle capital dans notre activité cognitive (Hofstadter et Sanders 2013). C'est au prix d'une telle opération que nous sommes capables de percevoir de *mêmes* objets, dans des circonstances où l'on pourrait trouver de nombreuses raisons de les discriminer. Oublier les détails d'un objet jusqu'à en révéler l'invariant qui caractérise sa classe d'équivalence, c'est la condition d'apparition de ce nous avons décidé ici d'appeler, dans une acception large, la *symétrie.*

Une fois les *mêmes* identifiés, l'œil (ou plus généralement, la perception) les *situe* dans l'espace. Il y a création d'une structure spatiale qui facilite la compréhension de la scène en permettant une économie à la fois d'exploration et de reconstitution. Ce sont là les deux temps importants de la symétrie : l'identification des *mêmes* et la reconnaissance du positionnement spatial de ceux-ci. Le terme « spatial » est à prendre dans le sens large de « relatif à un espace », il peut donc s'agir également du *temps.* Ainsi, nous avons évoqué la musique : de simples phénomènes sonores peuvent être perçus comme *mêmes* et la structure qu'ils forment ainsi, le *rythme,* est une structure temporelle. Plus généralement l'écoute de la musique est l'art de repérer des *mêmes* et de donner du sens à leur agencement dans le temps.

L'étude de la symétrie a surtout pour ambition de se pencher sur les *structures* des répétitions plutôt que sur les détails des éléments réels considérés comme *mêmes.* Ainsi en musique, la fugue est-elle née de répétitions vocales et d'imitations au Moyen Âge, jusqu'à devenir une forme raffinée et largement codifiée[45] d'expression musicale avec Jean-Sébastien Bach dont *L'art de la fugue* constitue le sublime aboutissement, un feu d'artifice de symétries devenues musique. Dans une simple fugue, le *même* sujet y est exposé par différentes voix, facilement identifié par l'auditeur, mais ce sont les modalités de ses répétitions et imitations qui font la structure, donc l'intérêt, de la fugue. Bien plus que la particularité des thèmes. Dans un autre domaine, la rosace d'une cathédrale nous impressionne par sa complexité, que nous arrivons petit à petit à déchiffrer, à apprivoiser en découvrant les *mêmes* éléments, agencés de manière régulière, selon une disposition géométrique inventive. Les éléments eux-mêmes, leur forme et leur couleur, aussi beaux soient-ils, ne sont que le prétexte et la matière permettant l'existence de cette structure fascinante.

La symétrie apparaît donc lorsque deux conditions sont réunies :

- il y a des éléments qui sont perçus comme *mêmes ;*
- il existe une *structure spatiale* identifiée de la situation de ces mêmes.

L'abstraction et la mémoire sont les outils indispensables à la perception, mais surtout à l'étude et à l'analyse, de la symétrie. Pour une compréhension rigoureuse d'une

---

[45] Du moins en ce qui concerne la fugue d'école.

structure symétrique, le point de vue le plus simple, car le plus abstrait, est fourni par l'approche mathématique. Comme nous l'avons suggéré, deux *mêmes* objets mathématiques peuvent être considérés comme « (quasi-) identiques » ce qui simplifie la discussion de *mêmes* objets. Nous allons donc tenter d'exposer sans (trop de) formalisme quelques aspects de la représentation et du modèle que se sont fait les mathématiciens de la symétrie.

Le point de vue mathématique

L'apparition probablement la plus fréquente dans la nature d'un phénomène de symétrie se fait sous la forme d'une correspondance bilatérale, celle qui est commune à la plupart des êtres vivants capables de se déplacer. C'est l'image-miroir qui nous est familière. Les fleurs présentent parfois des symétries pentagonale ou hexagonale. Est-ce pour faciliter leur perception par les insectes comme nous l'avons suggéré ? Les flocons de neige sont d'autres exemples de symétries complexes. Tous ces cas, et en particulier le monde des cristaux, sont à l'origine de l'étude mathématique de la symétrie. Mais puisque dans la réalité les correspondances n'existent qu'entre *mêmes*, le modèle mathématique de la symétrie représente un idéal théorique du phénomène. Ce modèle constitue d'une certaine manière le *point de fuite* vers lequel convergent les incarnations réelles d'une symétrie, et représente une position épistémologique limite.

Le concept-clé de cette approche formelle est celui de la *transformation,* associé à l'idée *d'invariance.* L'approche statique d'un constat de formes symétriques, est remplacée par une vision projetée dans le temps. En termes très simples, et encore imprécis : il y a symétrie, si après un changement on retrouve le *même* objet. Prenons un exemple élémentaire pour clarifier et illustrer ces notions : un triangle équilatéral, un objet mathématique aux régularités bien apparentes. Nous allons nous intéresser à sa position dans le plan après une rotation d'un angle donné autour de son point central. Si cet angle est de cent vingt degrés ou de deux cent quarante degrés, (ou encore de zéro degré), le triangle nous apparaîtra inchangé, alors qu'il a bougé. Cette *immunité* de l'apparence du triangle par rapport à la transformation qu'il a subie, révèle une symétrie : le triangle nous apparaît le *même*. Les états du triangle avant et après l'une des rotations citées, sont *équivalents* : nous ne voyons pas de différence. Mais il existe d'autres transformations laissant l'apparence du triangle inchangée : les images-miroir autour d'une droite joignant un sommet au milieu du côté opposé. Il y a en tout six transformations pour lesquelles l'aspect du triangle est immunisé. Cet ensemble de transformations *caractérise* la symétrie du triangle équilatéral et mesure toute la richesse de sa structure.

Les transformations qui font passer un système (ici le triangle équilatéral) d'un état dans un état *équivalent* (par rapport à un aspect) sont appelées transformations symétriques. La relation d'équivalence des états est définie par notre perception du *même*[46]. Cette terminologie peut également s'utiliser en dehors de l'univers mathématique. Car cette relation est réflexive, symétrique et transitive[47] et doit se découper en opérations successives : puisqu'un objet est le même que lui-même, et si un objet A est le même qu'un objet B, alors B est le même que A, et finalement, si A est le même que B, B est le même que C, alors A est le même que C. Il s'agit donc bien d'une relation d'équivalence au sens mathématique du terme.

On suppose, en toute généralité, que les transformations considérées ici sont *composables* : deux transformations effectuées l'une après l'autre correspondent à nouveau à une transformation de l'ensemble. Si en plus, les transformations sont *réversibles*, c'est-à-dire si chaque transformation possède une transformation inverse qui permet d'annuler la première, alors leur ensemble possède une structure plus forte et forme un *groupe*. Le groupe est l'outil mathématique par excellence pour étudier les différentes formes de symétrie. Il constitue une forme de *description* et de *mesure* de la symétrie d'un système.

En particulier, le groupe est le moyen formel capable de rendre compte de la *périodicité*, qui est la manifestation perceptible des phénomènes d'itération, de répétition, de reproduction et d'imitation. Quelques exemples montrent

---

[46] Ici le *(quasi-) identique*.

[47] Cette transitivité peut être limitée.

l'intérêt de ce concept pour la compréhension de la complexité d'une partie du monde qui nous entoure.

Pour la périodicité unidimensionnelle, c'est-à-dire où la répétition se fait dans une seule direction, l'architecture offre l'exemple intéressant des frises. À chaque réalisation d'une frise correspond un groupe de symétrie. On peut se poser légitimement la question du nombre de structures de frises différentes. Les mathématiques nous fournissent la réponse qu'il existe exactement sept formes fondamentales différentes et nous donnent la description précise des transformations qui laissent l'apparence d'une frise particulière inchangée. Dans l'exemple ci-dessous, le groupe de symétrie est clairement engendré par une translation le long de l'axe de la frise et par une rotation d'un angle de π.

Figure 3 : Un exemple de frise périodique, le méandre

Le palais de l'Alhambra de Grenade offre un exemple magique de la diversité des mosaïques périodiques en deux dimensions. Les répétitions se font ici le long de deux axes différents, ce qui permet une plus large liberté créative et par-là même rend la complexité plus grande. Les mathématiques montrent qu'il existe dix-sept groupes différents dans ce cas. Donc toute mosaïque périodique du plan tombe nécessairement dans l'une de ces catégories. L'Alhambra, qui constitue une preuve flagrante de l'ingéniosité des artistes arabes à l'œuvre au XIIIe siècle, offre des exemples de tous les dix-sept groupes[48] dans ses décorations.

Mais la motivation principale pour l'approche mathématique de la périodicité vient de l'étude des cristaux. Nous sommes ici dans un monde à trois dimensions et par conséquent l'accroissement des possibilités dû à la dimension supplémentaire augmente sensiblement la complexité. Et effectivement il existe deux cent dix-neuf (ou deux cent trente si l'on distingue les copies chirales) groupes

[48] En cherchant bien.

cristallographiques différents, ce qui donne une idée de la richesse du monde des cristaux et montre que la complexité des structures périodiques augmente de façon fortement non linéaire avec la dimension.

Le cristal est une des organisations structurelles rencontrées dans la nature – à côté par exemple de l'aspect bilatéral de la plupart des êtres vivants – dans lesquelles la symétrie joue un rôle essentiel. Les éléments de base de la matière, qui peuvent être selon les cas des atomes, des molécules, voire des ions, peuvent se lier entre eux de diverses manières. Ils peuvent être rattachés entre eux de manière non rigide et désordonnée – c'est le cas des gaz, des liquides, des verres et autre matière *amorphe*.

Mais quelques-uns des types de combinaison ont une structure symétrique remarquable, formant des arrangements périodiques, et présentant une immunité envers certaines opérations mathématiques comme des translations, rotations ou inversions. Ces liens se présentent sous forme de réseaux tridimensionnels réguliers. C'est le monde symétrique des cristaux. Ainsi par exemple l'eau passe de la forme liquide, amorphe, à l'état de glace en formant localement de petits cristaux, mais sans qu'un bloc entier de glace ne possède globalement une structure de cristal – il s'agit alors d'un *polycristal,* forme rencontrée dans la plupart des métaux et des roches. Mais les caractéristiques de symétrie d'un cristal peuvent cependant être globales – dans le cas idéal – et suggérer un pavage régulier de l'espace. Il s'agit dans ce cas d'un *(mono-) cristal,* parfait exemple d'une répétition spatiale potentiellement exacte et infinie.

Dans un cristal, les éléments de base occupent des positions homéostatiques [49] autour de points mathématiquement précis. Leurs positions sont donc rigides – à de petites fluctuations près. Mais cette symétrie et cette infime liberté de mouvement implique que le dérangement d'un élément de base de sa position aura une influence sur les positions de ses voisins : un tel déplacement, un *bruit,* va se transmettre de proche en proche. Ce bruit, considéré comme *information,* peut circuler dans le cristal et constitue une

[49] L'homéostasie est un processus de régulation qui maintient un facteur clé autour d'une valeur favorable pour le système considéré.

entité ontologiquement située entre *objet* et *phénomène*. C'est un *phonon*, un fantôme dynamique dans un monde à l'apparence de froideur statique.

Puisque la rigueur mathématique permet la diffusion d'information dans le réseau, elle explique aussi l'existence de règles locales dans des structures symétriques, qui à leur tour rendent compte de l'apparition de formes géométriques régulières. C'est le cas entre autres de l'émergence d'une structure de cercle ou d'hélice dans les phénomènes d'auto-assemblage de certaines molécules (notamment les molécules de base des acides nucléiques du code génétique ou des fibres musculaires contractiles) ainsi que dans la construction de certains virus, comme celui, bien connu, de la mosaïque du tabac, qui se présente dans l'espace sous une forme hélicoïdale.

La périodicité, aussi bien unidimensionnelle que de dimension deux et trois dans nos exemples, est donc un aspect récurrent de la symétrie dans la nature et son étude mathématique fournit une description, un modèle, pour un grand nombre de phénomènes et peut nous mettre sur la piste d'une explication de la présence ubiquitaire de certaines structures géométriques. Cette notion de périodicité se rattache pour le mathématicien – comme nous l'avons vu – à l'idée de *groupe*, une notion qui constitue naturellement une passerelle entre *art* et *science*, mondes dans lesquels la symétrie – et parfois son absence – joue un rôle important.

La notion de groupe est la réponse mathématique élégante et simple (bien que formalisée) à la question de la compréhension de l'invariance sous des transformations composables et réversibles, de nature métrique. Dans ce rôle, le groupe est un outil mathématique analytique mais aussi créatif. Il permet d'une part de déchiffrer la complexité de structures périodiques en la ramenant à l'étude de quelques transformations très simples. Il donne, par son *ordre*, une mesure de leur symétrie. D'autre part, il peut fournir aux artistes des idées et des suggestions sur l'invention de mondes périodiques nouveaux. Le peintre et graveur hollandais M. C. Escher donne des exemples particulièrement lumineux de cette dernière démarche.

Pour l'instant, nous avons considéré exclusivement des transformations qui maintiennent les distances inchangées. Néanmoins, il existe bien d'autres modes de changements dans la nature, dont certains ont aussi fait plus récemment l'objet d'une approche formelle. C'est le cas des transformations d'échelle, où les *mêmes* structures se retrouvent à des niveaux différents. C'est clairement visible pour un certain nombre de végétaux comme les fougères, dont la forme globale des feuilles semble déjà présente dans les détails de celle-ci. Le biologiste hongrois Aristid Lindenmayer (Prusinkiewicz et Hanan 1989) a utilisé ce mécanisme d'invariance d'échelle pour créer un modèle mathématique raffiné du développement cellulaire de plantes et de bactéries, entièrement basé sur les mécanismes génératifs des grammaires formelles.

La symétrie des transformations d'échelle c'est aussi, plus généralement, le monde des objets fractals, découvert et étudié par Benoît Mandelbrot (1982). Ce monde permet d'intégrer dans l'univers mathématique des objets intrinsèquement « rugueux », qui ne seront jamais lisses, quelle que soit la distance à laquelle on les regarde. Cette découverte constitue un progrès sérieux sur une certaine conception traditionnelle des mathématiques comme outil de « linéarisation » du monde. Grâce à cette vision innovante, une partie de l'univers biologique s'est ouvert depuis à l'approche formelle par la modélisation mathématique.

Structure et transformation

La symétrie, l'existence de *mêmes* dans des contextes différents, peut se concevoir comme la présence d'une structure, c'est-à-dire d'un objet statique. Mais le modèle mathématique suggère plutôt de considérer le phénomène de la symétrie comme une *immunité* par rapport à une transformation, un changement, et lui confère par-là un statut dynamique.

La grande différence entre le modèle mathématique et les exemples de symétrie dans le monde « réel » tient au fait que ces derniers ne peuvent pas être « parfaits ». Le concept de *même* est en général éloigné du concept de « (quasi-) identique » des mathématiciens. Il faut donc un élément supplémentaire pour parler de la symétrie réelle : la relation de similitude[50]. Elle donne un statut épistémologique clair à la notion de « même », bien qu'elle introduise - et c'est le prix à payer – un facteur supplémentaire dans la problématique. Ce facteur peut être rationnel, descriptif ou humain. L'observateur décide ce qu'il considère comme *même*. Le terme « décide » est à prendre évidemment dans un sens très large, imagé, où la conscience n'est pas forcément impliquée et *l'observateur* n'est pas forcément humain.

Dans cette optique, et en regroupant les divers éléments déjà rencontrés au cours de la discussion, nous pouvons finalement tenter de définir généralement la symétrie à l'aide des ingrédients suivants :

- un *système*, l'objet de notre intérêt ;
- la sélection d'un *aspect* de ce système ;
- un ensemble de *transformations* du système ;
- une *relation de similitude* qui définit si deux états du système sont les *mêmes*.

Nous dirons qu'un aspect d'un système est *invariant* par rapport à un ensemble de transformations si l'état du système, avant et après la transformation, est le *même* par rapport à l'aspect sélectionné.

En tenant compte de ce contexte on pourra donner finalement la définition suivante :

La symétrie est l'immunité, c'est-à-dire l'invariance, de l'aspect du système sous l'effet des transformations de l'ensemble considéré, en tenant compte de la relation de similitude choisie.

Nous pouvons intégrer l'exemple de la rosace de la cathédrale de Strasbourg dans notre cadre conceptuel : le système, c'est la rosace elle-même ; l'aspect, c'est le dessin, formes et couleurs vues à une distance « humaine » ; les

---

[50] S'il s'agit bien d'une *relation d'équivalence* dans le sens strict dans un contexte mathématique, dans le monde réel, la transitivité n'est pas infinie. D'où le terme *ad hoc* de *relation de similitude*.

transformations, ce sont les rotations (mentales) autour du centre ainsi que les opérations miroirs. Quant à la relation de similitude, elle est engendrée par notre vision et notre volonté de retenir les aspects significatifs, sans tenir compte de l'impact des imperfections physiques et en éliminant certains détails.

Les rotations qui laissent invariante à nos yeux la rosace sont d'un angle de deux π sur seize (2π/16) et ses multiples. Il y a également trente-deux miroirs. Nous avons donc un ensemble de transformations de seize rotations autour du centre et trente-deux miroirs. En ne considérant pas le milieu (pentagonal), ni les légères variations de couleur, ni les irrégularités dues aux imperfections artisanales et de la matière, et en regardant la rosace à une « bonne » distance, nous avons défini une relation de *similitude* qui nous permet de reconnaître les *mêmes* états de la rosace soumise aux diverses rotations et transformations miroirs. Tous ces changements laissent la rosace « inchangée ».

Cet exemple montre que, bien que la symétrie exacte n'existe pas dans la nature et dans le monde des artefacts humains, le modèle mathématique peut constituer un idéal théorique important, capable de proposer une lecture « assistée » de la réalité.

Or, non seulement la symétrie exacte n'existe pas en dehors du monde des idées, mais cette « imperfection », loin d'être toujours négative, peut être génératrice d'information, de beauté ou simplement d'intérêt. Trois exemples :

- La technique de télécommunication, aujourd'hui dépassée, de la modulation de fréquence consiste à produire des fréquences radio régulières et à les faire varier très légèrement. Cette variation permet de transmettre une *information*, la voix que nous entendons, qui se détache du fond homogène et qui devient intelligible par contraste.

- La partition d'un prélude de Chopin semble à première vue exiger du pianiste une grande régularité rythmique. Or le résultat est catastrophique si cette régularité est métronomique ! La *beauté* de l'interprétation vient précisément de très légers écarts, savamment contrôlés ou profondément ressentis, par rapport à la notation rythmique stricte. La symétrie doit être clairement suggérée mais subtilement transgressée.

- Les objets artisanaux nous plaisent parce que nous voyons bien une série de *mêmes* objets, mais chacun avec ce minuscule détail, parfois presque imperceptible, qui le différencie de son voisin et le rend *intéressant, personnel.*

Asymétrie et créations

Le rassurant de l'équilibre, c'est que rien ne bouge.
Le vrai de l'équilibre, c'est qu'il suffit d'un souffle
pour faire tout bouger.

(Gracq)

La symétrie, forme d'équilibre, même en dehors des imperfections qui existent dans le monde réel possède son antithèse : l'*asymétrie*. Si un aspect change au cours d'une transformation possible du système, alors il y a asymétrie. Et l'asymétrie est précisément un élément qui est nécessaire à l'apparition de la symétrie telle que nous l'avons définie : parmi toutes les transformations envisagées, l'une au moins doit *pouvoir* changer l'aspect pour que l'on puisse parler d'*immunité* du système. On ne peut constater l'immunité que parce que dans certains cas elle pourrait être absente, on l'observe par contraste. En d'autres termes : *la symétrie implique l'existence de l'asymétrie.*

La musique est ce lieu étrange où *proportion* et *symétrie* sont les seuls outils – *a priori* très pauvres – permettant à l'artiste d'exprimer une grande variété de sentiments humains. La proportion est à l'origine non seulement des notes, mais aussi des gammes, des modes et donc finalement de l'harmonie. La symétrie, à travers la quête des « mêmes », des parentés subtiles et des différences parfois imperceptibles, fonde la mélodie et le contrepoint. Dans les deux cas, la notion topologique de *voisinage* joue un rôle important : deux notes, ou deux thèmes proches, sont-ils à considérer comme *mêmes* ou faut-il interpréter leur écart – aussi faible soit-il – comme information nouvelle ? Deux notes émises simultanément, distantes par exemple d'une octave ou d'une quinte, nous apparaissent proches parentes, parfaitement compatibles, alors que si elles sont séparées d'un demi-ton ou un intervalle plus petit, elles nous heurtent par une friction qui nous montre clairement qu'elles ne peuvent pas être interprétées comme *mêmes*. Donc si deux notes sont proches dans le cycle des octaves ou des quintes, par conséquent plus éloignées par leurs fréquences, nous sommes beaucoup plus enclins à les considérer comme *mêmes* que si leurs fréquences étaient voisines, ce qui serait à l'origine de ce battement qui les discrimine clairement. Notre perception du phénomène de symétrie utilise donc au moins deux topologies différentes. L'art de la musique consiste – en partie du moins – dans le jeu subtil de symétrie/asymétrie : l'attente, la question, le délai, la répétition, la frustration et la réalisation se suivent et contribuent à la construction de notre plaisir esthétique. Mais ce plaisir est culturel ; et les symétries réellement perçues par chacun d'entre nous sont individuelles et subjectives.

Une symétrie qui serait absolument parfaite représente l'immobilité, et dans le monde biologique, probablement le non-vivant. La physique, dont les lois font si souvent intervenir des phénomènes de symétrie, fournit de nombreux exemples où celle-ci peut se révéler une entrave à l'apparition de mouvement. Le cas paradigmatique est fourni par la théorie du Big Bang. Celle-ci postule à l'origine l'existence d'un faisceau d'énergie isotrope, donc d'une symétrie très grande, sans aucune direction privilégiée et qui contenait autant de particules élémentaires que d'antiparticules. Or, pour que ce modèle puisse expliquer la richesse et la diversité des objets physiques dans l'univers ainsi que son expansion, il doit introduire une disparition progressive des symétries présentes au début. C'est d'ailleurs dans ce cadre de réduction de symétrie qu'a été postulé l'existence du boson de Higgs, qui probablement est la cause de l'apparition de la matière. De même, la diminution de la symétrie explique la quasi-disparition des antiparticules à l'état naturel.

Bien plus tôt, les présocratiques, notamment Leucippe et Démocrite, avaient déjà imaginé un modèle du monde discontinu, engendré par le mouvement d'atomes. Dans leur idée, ces atomes devaient se rencontrer pour former des objets plus complexes, et pour cela leurs trajectoires ne devaient pas être trop régulières, trop symétriques. La théorie des atomistes suppose donc des sortes d'« accidents » aléatoires, le clinamen (Lucrèce 2015), permettant des intersections d'atomes et la formation d'une matière plus riche. Ces écarts permettent aux atomistes d'expliquer la matière et la liberté humaine.

Donc très souvent, pour qu'un phénomène naturel puisse exister dans un contexte symétrique, il faut une diminution, une *rupture de symétrie*. L'âne de Buridan et son paradoxe en est la métaphore classique, apparue sous des multiples formes. Elle a été évoquée aussi bien par Aristote[51], par Voltaire que par Spinoza et bien d'autres.

Mais surtout, cette notion de rupture est capitale en physique, où on la retrouve par exemple dans le principe de (Pierre) Curie :

Un phénomène peut exister dans un milieu possédant sa symétrie propre. Ce qu'il faut pour qu'il apparaisse n'est pas la présence, mais l'absence de certaines symétries.

Si l'on place une petite bille au sommet précis d'une sphère parfaite et immobile, elle se trouvera dans un état d'équilibre et rien ne se passera. Mais il suffira d'une minuscule perturbation pour que le mouvement s'enclenche. De même pour une barre cylindrique verticale, à laquelle on applique une force égale en haut et en bas. Pour une certaine valeur de la force, la barre se plie, elle perd sa symétrie initiale. L'apparition d'un phénomène présuppose par conséquent une réduction de la symétrie.

Le phénomène de rupture ou de brisure de symétrie est un élément essentiel en physique des particules élémentaires, notamment pour expliquer l'apparition de la matière au tout début du Big Bang, comme nous l'avons vu. Mais, dans de nombreux autres domaines de la physique, ce phénomène

---

[51] « [...] ou bien encore comme cet homme qu'on suppose avoir tout ensemble une soif et une faim très vives, mais qui, éprouvant ces deux besoins avec une intensité égale, s'abstiendrait également de boire et de manger, parce qu'il serait nécessairement forcé de rester immobile et en repos entre ses deux besoins » (Aristote 1866).

constitue une clé importante dans l'explication scientifique. La symétrie de *translation* par exemple – qui postule une invariance par rapport à une translation, dans l'espace ou dans le temps – affirme que les lois physiques ne changent pas si l'on se déplace dans l'espace et ne changent pas avec le temps non plus. La symétrie de rotation postule qu'une loi reste la même dans toutes les directions. C'est l'*isotropie* des physiciens.

Le développement de l'embryon offre une facette biologique de la rupture de symétrie à l'origine d'un phénomène. En effet, l'embryon présente une symétrie très forte au début de son existence : de la cellule originale aux blastocystes, il y a une réduction de symétrie qui s'accentue et permet par la suite une différentiation et une spécialisation amenant le fœtus à sa forme finale. Le phénomène de la vie a lieu au prix d'une rupture de symétrie conduisant à la formation de tissus, de membres et d'organes plus complexes. La polarisation de la cellule fécondée est l'un des principes de la réduction de la symétrie en biologie. C'est elle qui est à l'origine de la morphogenèse cellulaire et de l'apparition d'axes embryonnaires.

C'est aussi l'écart par rapport à la symétrie stricte qui rend possible le phénomène d'évolution avec la très darwinienne lutte pour la survie. Car dans le processus naturel de la *reproduction*, il y a de nombreuses petites « erreurs » – par rapport à une *réplication* qui serait exacte – dues aux multiples influences de l'environnement et des aléas biologiques. La symétrie *imparfaite* est source potentielle d'innovation et de « progrès », éventuellement aussi d'échecs. Mais c'est elle qui anime la dynamique évolutive.

L'analogie

Des notions trop précises,
faire à nouveau des notions claires.

(Lichtenberg)

Ce que nous dit la symétrie telle que nous l'avons définie ici est un principe très général : *pour un objet symétrique, il y a plusieurs points de vue différents d'où l'on voit cet objet comme étant le même.* Divers observateurs, regardant cet objet symétrique à partir de leur perspective et de leur point de vue propres, ne pourront plus forcément distinguer leur position en se basant sur des différences de l'objet observé.

Cette conséquence générale de l'immunité d'un aspect par rapport à un changement peut très bien s'observer dans de nombreux contextes, comme celui de la linguistique par exemple. Prenons une phrase qui exprime une proposition, et considérons un ensemble de substitutions de l'un de ces éléments. Dans l'application de ces substitutions la phrase change, mais dans certains cas, la valeur de vérité de la phrase reste inchangée alors que dans d'autres elle est inversée. La phrase possède donc une symétrie, dans le sens où son aspect de vérité n'est pas changé par certaines substitutions, c'est-à-dire qu'elle possède une immunité vérifonctionnelle. Dans ce cas, les éléments échangés sont liés par l'*analogie*.

Parmi toutes les facettes de la symétrie qui nous concernent dans la vie de tous les jours, l'analogie en est donc l'une des plus présentes. Mais qu'est l'analogie précisément ? En résumant ce que nous avons vu jusqu'ici, et en utilisant le vocabulaire rencontré, l'analogie peut se définir comme l'immunité de la *validité* d'une relation par rapport aux changements que subissent ses éléments (Rosen 1995). Pour illustrer cela, prenons un petit exemple et considérons la phrase : « Henri Michaux est un écrivain né en 1899 ». Cette phrase est une proposition vraie. Elle dit quelque chose à propos d'un écrivain, et l'on peut se poser la question si cela est vrai aussi pour un autre écrivain. On peut donc imaginer le changement suivant : on remplace « Henri Michaux » par un autre nom d'écrivain, disons « Louis-Ferdinand Céline ». Le résultat « Louis-Ferdinand Céline est un écrivain né en 1899 » est une proposition fausse. Mais, en revanche, l'affirmation : « Jorge Luis Borges est un écrivain né en 1899 » est tout à fait correcte. Cela signifie que la phrase de départ est susceptible de transformations qui rendent le résultat vrai ou faux. Nous sommes donc bien dans un contexte de symétrie. En ce qui concerne la vérité de la proposition, « Henri Michaux » et « Jorge Luis Borges » sont analogues, *symétriques*. Et de plus, les noms de tous les écrivains nés en 1899 forment une classe d'équivalence par rapport à la validité de la proposition résultante, ils forment un *concept*. La vérité de la phrase est immune par rapport aux changements à l'intérieur de la classe, qui elle, contient tous les éléments symétriques par rapport à la vérité de la phrase.

Comme le montre ce cheminement, la symétrie qu'est l'analogie définit également une *catégorisation.* Dans l'exemple ci-dessus, elle permet de définir dans la classe des écrivains, la catégorie de ceux qui sont nés en 1899.

La symétrie, considérée comme immunité par rapport à certaines transformations, se retrouve bien dans des contextes les plus divers et constitue un processus élémentaire dans l'acquisition du savoir.

Coda

La réalité aime les symétries
et les légers anachronismes.

(Borges)

Puisque nous rencontrons de si nombreux exemples du phénomène de symétrie dans le monde qui nous entoure, nous avons pu nous poser légitimement la question du pourquoi de ce phénomène. Un aspect de la réponse est fourni par l'argument de simplicité. Les rares découvertes de dessins architecturaux utilisés pour la construction des cathédrales en donnent un exemple. Sur ces très grands assemblages de feuilles, il n'y a que la moitié de l'édifice qui y soit représenté. La règle de symétrie de la construction, et donc de ses plans, permet une simplification et une remarquable économie aussi bien dans la conception, le choix des éléments que dans le processus de la construction.

Autres exemples : Kepler a découvert ses lois de mouvement des planètes en confrontant les données d'observation au modèle mathématique symétrique le plus *simple* pouvant expliquer ce mouvement, l'ellipse [52]. Il a marqué cette découverte par l'expression suivante : la nature aime la simplicité[53]. Les équations de Maxwell, décrivant les champs électromagnétiques confirment que de nombreuses lois physiques montrent une symétrie évidente. Après la

[52] Ses essais avec le cercle n'étaient pas concluants.
[53] *Natura simplicitatem amat,* dans le texte.

formulation à l'aide de tenseurs électromagnétiques, les équations de Maxwell sont devenues un paradigme d'élégance et d'efficacité dans le monde des équations de la physique. Nous les reproduisons ici strictement dans le but d'illustrer leur concision et leur beauté. Comment toute la théorie de l'électromagnétisme peut-elle être condensée dans ces quelques signes ?

$$\nabla \cdot \mathbf{D} = \rho$$
$$\nabla \cdot \mathbf{B} = 0$$
$$\nabla \times \mathbf{E} = -\frac{\partial \mathbf{B}}{\partial t}$$
$$\nabla \times \mathbf{H} = \mathbf{J} + \frac{\partial \mathbf{D}}{\partial t}$$

Il est certain qu'un esprit général d'économie est largement à l'œuvre dans la nature. La physique nous offre d'ailleurs toute une série de principes « minimaux » qui constituent une piste d'explication. Nous allons citer pour exemple – mais il y en aurait bien d'autres – le *principe de moindre action*, ici dans la formulation originale de Maupertuis :

> « Maintenant, voici ce principe, si sage, si digne de l'être suprême : lorsqu'il arrive quelque changement dans la Nature, la quantité d'Action employée pour ce changement est toujours la plus petite qu'il soit possible. »

Ces principes, qui gouvernent la réaction d'un système aux diverses contraintes de son environnement, sont à l'origine en particulier de la compréhension des phénomènes d'auto-organisation mis en évidence, par exemple, par l'expérience de H. von Foerster. Dans cette expérience, des cubes aimantés sont regroupés dans un sac, qui est ensuite secoué. Il se forme alors des conglomérats instables divers jusqu'à ce que surgisse, après les phases d'agitation, une unité originale et plus stable, imprévisible au début de l'expérience, avec parfois une symétrie spontanée. L'ordre, la symétrie peuvent donc jaillir du chaos[54].

En 1979, les Américains Weinberg et Glashow ainsi que le Pakistanais Salam ont obtenu le prix Nobel en physique pour une extraordinaire découverte concernant la place de la

---

[54] C'est aussi ce que l'on entend par *récurrence constructive*.

symétrie dans le monde des particules élémentaires. Ils ont en effet réussi à unifier la force électromagnétique et la force « faible » en une seule force, la force électrofaible. Pour cela il fallait que les bosons W et Z – de masses différentes – soient *interchangeables* et puissent ainsi garantir l'immunité de la théorie par rapport à leur échange. Cela nécessitait l'existence du boson de Higgs, chaînon théorique qui pouvait expliquer la différence de masse et rétablir la symétrie. Les traces du boson de Higgs ont finalement été détectées au CERN en 2012.

Simplicité, économie et équilibre sont certainement les principaux avantages de la symétrie. Sans doute qu'en biologie, le mouvement des animaux, indispensable à leur survie, est largement favorisé par une morphologie symétrique. De même que leur développement anatomique est simplifié – peut-être même rendu possible – par l'application de mêmes schémas et de constructions parallèles.

Mais avant tout, la symétrie nous permet une lecture intelligible du monde en réduisant sensiblement la complexité de notre perception, tout en introduisant une grille de lecture spatiale et temporelle où l'information est fortement simplifiée. Et elle met en lumière une phase importante de la création. La symétrie est également une condition nécessaire à l'apparition de *phénomènes* lorsqu'elle est réduite, et que son équilibre statique, improductif est rompu. Les écarts par rapport à une symétrie parfaite représentent donc autre chose qu'une imperfection. C'est une source d'information et de création. Cependant, ces écarts ne pourraient pas exister sans la présence d'un cadre rigoureux et lisible : la symétrie.

Nous avons insisté sur la vision *dynamique* – suggérée par le modèle mathématique – de la symétrie comme immunité de certains aspects d'un système par rapport à des changements. En ce sens, la symétrie est également une propriété importante des relations et interactions sociales : l'idée de réciprocité, de coopération et plus généralement d'échanges équilibrés en est l'illustration. Mathématiques, physique, biologie et relations sociales sont des lieux où la symétrie joue le rôle important de clé de compréhension dans notre lecture du monde.

La détection du phénomène de symétrie sur une échelle de plus en plus large et dans des mondes aussi différents que ceux évoqués jusqu'ici nous rapproche du sens profond de ce principe d'ordre omniprésent qu'est la symétrie. Celui-ci est aussi bien associé à la notion de beau, d'efficace, de périodique, de simple que, paradoxalement, à l'idée de complexité. L'absence partielle ou la présence fragmentaire de ce principe est une source permanente de création. Finalement, il apparaît clairement à travers les divers exemples présentés que la symétrie est inhérente aux phénomènes même de l'art, de la pensée, de la nature et de la vie.

Activer du même pour trouver de l'autre

Le plaisir de (retrouver) l'habitude
est souvent plus doux encore
que celui de la nouveauté.

(Proust, *Jean Santeuil*)

Selon notre définition, la symétrie est une construction qui présente du même ailleurs. Par conséquent, elle peut engendrer familiarité et monotonie par la répétition de ce « même », alors qu'une rupture de symétrie occasionnerait surprise et nouveauté. Au cours de l'observation d'un environnement, l'absence d'une correspondance entre tout ou partie de ce qui est perçu et son « équivalent » en mémoire oriente une réponse attentionnelle qui en souligne la nouveauté et oriente l'exploration, du bout des yeux, des doigts ou de la pensée. Cependant, si l'on veut évoquer les activités cérébrales sous-tendant les expériences quotidiennes de familiarité ou de nouveauté, on ne peut pas se contenter de ces sortes d'images dans la tête dites « représentations mentales ». Tout comme on ne peut considérer que la détection de nouveauté soit le fait d'une sorte de spectateur « intérieur » doté de la capacité d'étonnement.

Le constat de nouveauté est déclenché par une dissonance entre ce qui est connu, donc attendu dans ces circonstances, et les informations rencontrées. Propriété d'un objet inconnu en contexte familier, ou d'un objet familier dans un contexte étrange, la nouveauté semble émerger d'une simple comparaison, d'une opération élémentaire qui souligne un écart entre du connu – représenté en mémoire – et ce qui en est perçu. Ce codage de contrastes, un processus essentiel dans la vision, n'est cependant pas immédiatement accessible tel quel à l'introspection. Dans quels termes sont exprimées les dimensions du connu, comment qualifier ce qui est nouveau ?

Une première propriété de cette nouveauté émerge de la comparaison des dimensions sensorielles : rouge et pointu au lieu de vert et rond, par exemple. C'est bien un ensemble d'écarts qui va construire la nouveauté. Ainsi la rencontre dans un cinéma de votre marchand de journaux quotidiens peut déclencher un effort mental de plusieurs secondes : sa nouveauté paraît telle que l'on ne peut saisir ce qu'il a de familier, le remettre dans son contexte habituel. Chaque visage connu est doté d'attributs qui dépassent largement son aspect dans l'instant et se réfèrent à un ensemble propre à son regardeur. L'intuition immédiate devrait atteindre la subtilité des descriptions de Marcel Proust pour rendre compte, ne serait-ce que partiellement, de la richesse des liens qui entrent dans ces comparaisons.

Il faut aussi dépasser l'illusion commune que Daniel Dennett qualifie de « théâtre cartésien » de la conscience (Dennett et Kinsbourne 1992). C'est une explication invoquant, sans le dire expressément, une instance, un nœud centralisé, au travers duquel l'interprétation du vécu déciderait de la nouveauté. En bref, une manière d'esprit. Cette forme de dualisme implicite opposant corps à esprit est si communément répandue qu'elle brouille la compréhension des processus complexes témoignant d'une *auto-organisation*. Ils sont esquissés dans la métaphore d'Antonio Machado, du « chemin qui se fait en marchant ». Fréquemment rappelée, pourtant difficile à appliquer vraiment à la compréhension des mécanismes de nature biologique qui portent leur réalité tout entière dans leur exécution. La difficulté conceptuelle de cette métaphore tient à ce que les conséquences de la mise en œuvre affectent justement le cours de son exécution. C'est la circularité d'un processus que l'on croit linéaire dans l'instant. Or il se modifie par son action même et l'on ne peut en préciser le déroulement exact avant sa réalisation tant il est fait le plus souvent de boucles ouvertes. C'est l'essence de la négociation entre gène et environnement, qui se manifeste souvent – mais pas toujours – par des boucles ouvertes, conditions d'adaptation donc de survie (Monod 1970), un chemin qui « *se* fait ». Il faudrait expliciter cette interaction pour ne pas éluder l'essentiel. Or le concept de carte cognitive, comme le processus placebo, mêlent des mots (dont on croit faussement le sens transparent et univoque) aux propriétés de réseaux cérébraux en interaction, le tout chez un sujet en dialogue comportemental avec son environnement. Un ensemble qui se dérobe à l'explicitation précise et univoque que chacun tend à retenir.

La représentation mentale, avec ses mises à jour selon les circonstances, rassemble des processus impliqués dans la connaissance humaine et animale. Ce terme satisfait l'intuition selon laquelle on joue à comparer et faire tourner dans sa tête des objets mentaux, purs analogues des réalités physiques extérieures. La représentation mentale reste un concept délicat car il faut justement renoncer à la tentation de la limiter à une re-création dans le cerveau des reflets de la réalité proposée aux organes sensoriels. Elle est toujours incorporée dans des possibilités d'action. Ce biais épistémologique dont il faut se libérer est encouragé par le fait que la modalité sensorielle dominante dans de nombreuses stratégies adaptatives est la vision. Il s'appuie aussi sur une tendance qui s'installe spontanément au cours de l'ontogenèse et favorise des hypothèses topologiques ou spatiales au sens large.

Nous proposerons quelques arguments physiologiques, anatomiques ou comportementaux, montrant qu'une représentation mentale va au-delà de la « simple copie dans la tête ». Si elle se fonde dans une organisation topologique typique des voies sensorielles qui entretient l'idée d'image symétrique, elle la dépasse par sa relation aux comportements et aux anticipations qu'elle assiste.

Des surfaces cérébrales pour y refléter des surfaces corporelles

C'est bien un principe de topologie qui met en relation la surface du corps avec des surfaces spécifiques du cortex cérébral. Il sous-tend la représentation bien connue de l'homoncule de Penfield.

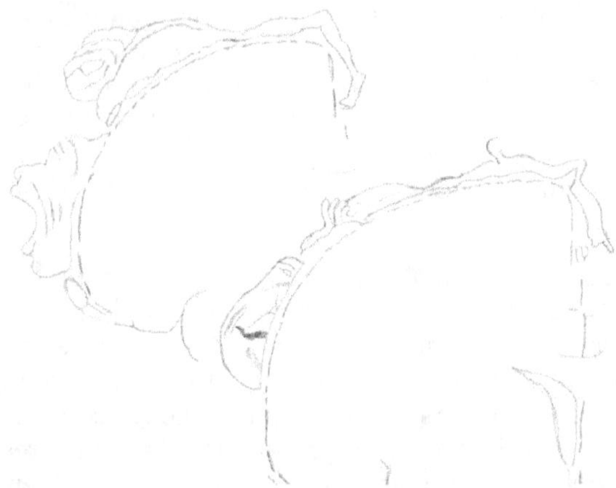

Figure 4 : L'homoncule de Penfield

Celle-ci repose sur une correspondance précise entre des positions voisines, sur le visage ou dans la main, et des régions corticales voisines lors de la stimulation tactile ou électrique de ces positions. Penfield a recueilli, chez le sujet interrogé directement au cours de ces expériences, des sensations précisément référées à des régions cutanées correspondantes. Cette représentation pourtant déformée fait la part belle aux surfaces des doigts et de la bouche, réservant une portion congrue au dos, aux cuisses, aux bras ; un écart à la fidélité métrique qui correspond à une densité particulièrement élevée de fibres sensorielles dans certaines surfaces corporelles, extrémité des doigts, tour de la bouche. Un écart qui peut également être induit par l'usage fréquent par une mémoire qui augmente des surfaces fonctionnelles : l'effet de la plasticité du vivant, pour utiliser un terme sanctifié par l'usage. Il en va de même pour la rétine, avec sa région centrale dite fovéale, densément fournie en photorécepteurs et en neurones ganglionnaires. Ce rapprochement entre le tact et la vision est conforté par le fait que l'on peut lire avec le doigt, sans les voir, des lettres en relief appliquées sur la peau. Plus étonnant encore, des prothèses permettent à une personne non voyante de naissance de « voir » un environnement filmé, « traduit » topologiquement par des électrodes de stimulation sur la langue (Kupers et Ptito 2004). C'est bien un principe de symétrie, même très éloigné d'une image fidèle, qui est à la base de nombreuses prothèses.

Or, l'idée de cartes cérébrales bidimensionnelles encourage une fausse idée de simplicité. Il y a dans la même portion de cortex cérébral une multiplicité de représentations de la surface corporelle selon différentes modalités de stimulations, vibration, piqûre, chaleur. Elles sont toutes topologiques, souvent légèrement décalées les unes des autres. Comme au revers d'une broderie complexe, des connexions nerveuses relient entre eux les différents points de ces matrices à un niveau sous-jacent. L'apparence purement topologique de contrastes locaux est doublée par un codage des formes *possibles*, constituées selon des alignements ou des angles. On dépasse la métaphore d'une simple surface pixellisée

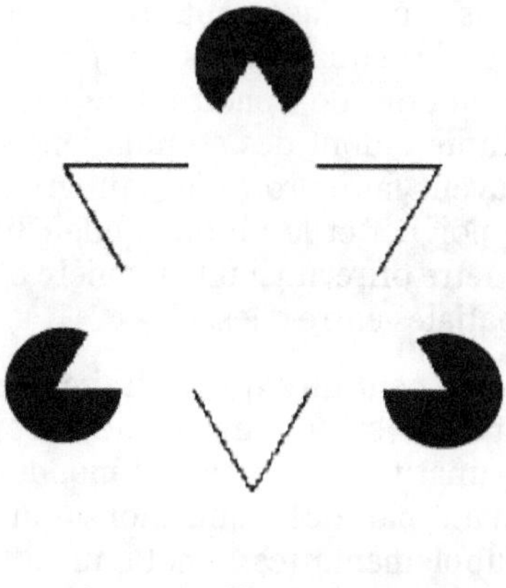

Figure 5 : L'illusion de Kaniza
(Fibonacci, CC-BY-SA-3.0)

La célèbre illusion de Kaniza anime la conviction de voir un triangle blanc sur fond blanc car l'alignement des petits triangles inscrits dans les disques noirs produit une illusion de contrastes continus. Ces connexions visent à élaborer, à chaque niveau cérébral de traitement, une image de l'objet dont on pourrait s'emparer, avec les instructions, propres à un niveau considéré, qui lui donnent ainsi réalité et sens.

Le projet d'offrir une description compréhensible et raisonnée de la complexité de ces réseaux est bien évidemment hors de la portée de cet ouvrage. On peut cependant tenter une sorte d'extrapolation à partir de ce qui constitue des nœuds aux carrefours de convergences multimodales regroupant les informations de modalités sensorielles diverses (somesthésie, vision, audition). Cela permet au chat qui guette un oiseau perché sur une branche éloignée à deux cents mètres, de lui attribuer le cri qu'il aura nécessairement entendu plusieurs millisecondes après l'avoir vu ouvrir son bec, du fait du décalage entre vitesse de propagation du son et de la lumière. En somme, il s'agit de rassembler ce qui doit l'être sans confondre ce qui est à différencier, même si les stimulations ne sont pas exactement synchrones !

Si cette extraction de contrastes est possible, c'est grâce à tout le réseau de communications qui intègrent entre elles des informations soigneusement triées sur des cartes corticales, tout en les situant dans des *fenêtres temporelles* précises. Cette notion de fenêtre temporelle rend aussi compte de la manière dont des stimulations successives sur l'avant-bras peuvent faire croire à la progression d'un petit animal entre le poignet et le pli du coude (Blankenburgh *et al.* 2006). La fenêtre offre ainsi une manière d'écran qui relie des positions spatiales entre elles.

Pour simplifier, on peut dire que le traitement cérébral des données sensorielles se fonde sur des projections d'une symétrie approximativement fidèle au monde extérieur, tout en la compliquant par des connexions qui intègrent des dimensions supplémentaires, notamment la relation temporelle et spatiale entre les différentes activations.

On peut partir de l'hypothèse qu'une première étape de la perception se fonde sur des « reproductions » symétriques de la réalité accessible aux organes sensoriels. Mais il faut insister sur le fait que la re-présentation, si pauvre qu'elle soit au regard de la richesse de l'environnement, dépasse largement cette simple esquisse par l'abondance des informations qu'elle regroupe. Par l'ensemble de ses retentissements *passés ou possibles* sur l'organisme, chaque objet se voit attacher un cortège de dimensions liées à l'action (poids, température, facilité de prise en main, *etc.*). Ces attributs affectent et qualifient la représentation en anticipant les possibilités d'action. Le fait d'animer mentalement un objet connu ou d'en imaginer un nouveau est une activité complexe qui requiert une assistance de processus dits *de haut en bas* (ou *top-down*), fondés sur la mémoire et l'anticipation, ces deux composantes de l'abduction. Cette formulation un peu cryptique suppose que les régions cérébrales les plus synthétiques (dites *top*), qui affichent la complexité de l'objet, sont en permanence en dialogue avec celles qui traitent les informations entrantes (dites *down*). En somme, les résultats de l'interprétation en cours modulent son déroulement, selon ce principe fondamental du vivant, que nous avons esquissé plus haut.

Comme Stephen Kosslyn l'a documenté durant plus de quarante ans, les images mentales empruntent les réseaux des voies sensorielles même si celles-ci ne sont pas stimulées par la rétine (Borst et Kosslyn 2008). Imaginer n'est pas voir mais dépasser ce qui serait produit par la simple vision ! Pour les chercheurs, la comparaison entre des activations induites par la perception directe et celles qui résultent de l'effort imaginaire permettent d'envisager – sans la comprendre encore – l'abstraction produite par l'activité cérébrale.

Insistons enfin sur le fait que les représentations mentales de l'environnement doivent *être mises en lien avec celui-ci*, faute de quoi elles seraient sans valeur, comme des photos tirées par un enfant qui manipulerait l'appareil sans intention de photographier. Un tel trait d'union est assuré principalement par le système vestibulaire qui traduit les mouvements effectifs de la tête dans l'espace. Chez la pieuvre au grand corps déformable à l'infini, les statocystes qui constituent l'organe de l'équilibre déterminent l'orientation de la pupille, donc celle des images qu'elle produit. Ce trait d'union est une base essentielle à la continuité de toute action sur l'environnement et ses composants. Il contribue au *sentiment de réalité* qui naît des possibilités d'interaction fondées sur des hypothèses suffisamment bonnes pour engendrer des *réponses adaptatives* et en garder la trace. En somme, c'est une condition de l'entrée d'un individu dans des relations de causalité circulaire, qui donneront corps à des intentions d'action. Un fil d'Ariane qui affiche la cohérence des choix successifs, la construction d'un raisonnement qui rassure en permettant l'anticipation. Comme dans une production symétrique, il faut identifier l'axe qui permet à la fois de trouver du « même », de distinguer de l'« autre » et, par-là, de construire du sens.

L'intrication entre perception et mémoire épaissit le moment présent

La représentation mentale de l'espace a longtemps fait sourire tant elle semble évoquer la consultation d'une « carte géographique dans le cerveau ». Or la faiblesse de cette métaphore ne tient pas tellement au caractère limité des informations dont dispose le porteur de cette représentation, mais à l'illusion de penser que cette carte serait « regardée ». En fait elle n'a pas de lecteur et son existence est simplement faite des décisions comportementales – ou de leur simulation – qui attestent des connaissances d'un sujet ! Ulrich Neisser (1976) précisait que ces « cartes » n'étaient jamais que des *instructions* au service de motivations à naviguer dans un environnement connu, à retrouver un abri familier ou des sources de nourriture visitées la veille, bref, à se déplacer selon ses désirs. Ces représentations permettent au sujet d'*anticiper* les données sensorielles effectives et de les afficher dans l'espace du corps. Elles simulent ce qui *sera vu*, elles configurent le monde « dans la tête » en vue d'une interaction avec l'environnement, elles font détecter des anomalies criantes. Elles permettent d'être proactif pour éviter d'être réactif, donc de devoir s'adapter à des perturbations effectives. Ce principe a un prix cependant. Il vous est peut-être arrivé de vous trouver face à une simple étagère en allant chercher une nappe dans l'armoire à linge que vous aviez déplacée récemment. Ou encore, d'avoir beaucoup tardé à remarquer que votre collègue de travail avait rasé sa barbe ? La duplicité de la mémoire suggère la stabilité du monde… ou bien en souligne les changements selon les circonstances.

Tout comme la représentation mentale dépasse la simple perception, le *moment présent* est plus diffus qu'un instantané. Il s'enracine dans le passé immédiatement précédent (une sorte de « trainage » des dernières secondes) ou plus ancien, au travers d'un ensemble d'associations avec des données mémoire (cette porte par laquelle j'ai vu arriver la Gestapo). Il est préparation d'un futur probable dans une anticipation adaptative, faite de conditionnements divers et de désirs. C'est une hypothèse à confirmer. Cette représentation *active* est ainsi un outil de capture dynamique, un *présent remémoré* pour Gerald Edelman (1989) qui combine des « antécédents » et des projections. Le processus évoque une solution de continuité dans les deux sens de ce terme, puisqu'il faut à la fois rompre avec le présent et le poursuivre par la prolongation d'un mode fonctionnel. Ce qui, nous le voyons avec le phénomène placebo, amène à considérer que l'être vivant est tendu vers ce qui vient en creusant le présent qui en affiche les indices. Engagé dans une sorte de pari sur le fait que le futur puisse être suffisamment semblable à l'état actuel – réel et en projet – pour garantir un fonctionnement respectant une presque identité : ni tout à fait même, ni tout à fait autre. Une stabilité suffisamment bonne !

Pour exploiter l'image produite par l'idée d'épaississement du présent, il faut comprendre que cette épaisseur est compliquée par tous les retentissements de la situation présente, ses couleurs émotionnelles, les efforts adaptatifs, *etc*. Tout se passe comme si l'instant était dilaté pour faire la place à des événements passés et à venir qui vont y être fondus dans une même représentation. D'où notre proposition de le voir comme un outil dynamique. Les attentes ainsi créées sont, selon nous, la forme qui garantira la fixation de ces traces dans la mesure où l'avenir lui correspondra en grande partie. Elles forment une composante du souvenir.

La représentation mentale est ainsi une structure multidimensionnelle, très probablement attachée à une sorte d'image miroir de l'environnement et de son contenu en objets, suffisamment fidèle pour les ajustements nécessaires, mais enrichie par ses ancrages dans l'expérience de l'individu. Une image à la fois personnalisée et contrainte par les principes de base des systèmes sensoriels et leur topologie.

Des ajustements à travers le corps : la copie efférente

Avant même qu'un geste soit engagé par la mise en action des réseaux moteurs qui vont le piloter, le système nerveux affiche une simulation des conséquences probables de cette exécution pour l'ensemble du corps dans la situation en cours. Cet affichage d'une représentation dynamique prend la forme d'une configuration des retours attendus à chaque instant sur les voies sensorielles. Elle correspond à la cognition incarnée, formalisée par Francisco Varela et Umberto Maturana, *l'énaction* (voir Varela *et al.* 1991). Elle répond à la définition donnée par Neisser de la carte cognitive. Cette représentation lie des actes avec des attendus. Elle formule une sorte d'hypothèse de travail, appelée *copie efférente* par Erich Von Holst et Horst Mittelstaedt, et avant eux Hermann von Helmholtz. Pour appréhender ce concept, il faut penser que toute mise en œuvre d'une décision comportementale (un passage à l'acte) repose sur l'activation en série de divers relais intermédiaires sur des voies nerveuses que l'on dira descendantes ou motrices pour simplifier. Or chaque relais reçoit également des informations dites montantes ou sensorielles. Celles-ci affichent l'état en cours d'exécution : l'interprétation de ces informations est influencée par les messages descendants qui portent l'empreinte des conséquences attendues. Ces activations intermédiaires imposent évidemment autant de mini-retards sur l'exécution prévue. Et comme une ombre qui semble entourer les mouvements, cette *frange de délai et d'anticipation* sera variable.

Pour ce qui nous préoccupe, la *copie efférente* peut être vue comme une représentation dynamique du mouvement en cours d'exécution. La notion de *copie efférente* est donc un concept fondé sur une description neurophysiologique ancrée dans la proprioception, cet ensemble de données de nature sensorielle qui informent sur les changements d'état d'un corps en mouvement. Ces données sont principalement dynamiques, ce qui indique leur capacité à traduire des mouvements en cours d'exécution. En plus de confronter ces mouvements aux intentions qui les animent, le caractère réflexif de la proprioception assure le sujet qu'il est en train d'exécuter cette action, et même qu'il en est bien l'auteur. C'est ainsi que ces échos emboîtés et ces boucles réflexives contribuent à une conscience de l'action en cours (Jeannerod 2009).

L'activation de cette copie traduit des signaux *attendus*, elle préfigure – sans bien sûr la précéder vraiment – l'attente de la réalité sous forme des conséquences de l'action entreprise. Leur confrontation avec les signaux produits par les retours *effectifs* de l'exécution de l'action marque un ensemble d'écarts, un *signal d'erreur* qui peut orienter d'éventuelles corrections en vue d'une exécution plus conforme au projet. Tout comme la conduite exploratoire déclenchée par la nouveauté est susceptible de mettre à jour la représentation. On peut également considérer que la mise en mémoire de ces codes d'exécution – donc l'apprentissage des mouvements – soit encouragée à chaque fois que la différence est « suffisamment bonne », tout comme on l'observe dans les signaux d'erreur du système dopaminergique traduisant l'atteinte d'un but (Schultz 2007).

Pour figurer les retours attendus, la *copie efférente* doit inclure des reflets de l'environnement. Elle participe au schéma corporel dont la description peut être trouvée chez Sean Gallagher (2005). Beaucoup de travaux récents analysent les difficultés cognitives associées à des maladies psychiatriques, la schizophrénie ou l'autisme notamment, en invoquant une altération du pilotage par *copie efférente* (voir Friston 2012). La sensori-motricité implique ainsi la manipulation de connaissances dans des processus de même nature que ceux de la cognition et touche à l'organisation et la consolidation mnésique.

Ces processus se déroulent dans le cadre du *présent remémoré*, un concept forgé par Edelman pour souligner le fait que le moment présent est nécessairement animé par la réactivation d'un ensemble de traces de mémoire qui l'élargissent en donnant une assise spécifique au sujet qui le vit. C'est cet ensemble qui fonde des attentes, c'est-à-dire des anticipations quant aux données sensorielles « à venir » ; comme une sorte d'hypothèse dont la validation tiendra à une adéquation suffisamment bonne des données sensorielles à venir. Il constitue un creuset pour de nouveaux alliages : ce *présent remémoré* est un ensemble qui se trouve renforcé par une confirmation de la réalité sensorielle qui suit, à travers un processus d'abduction qui se trouve au cœur des circularités de l'apprentissage.

Pour insister sur la diversité et le caractère dynamique – donc difficile à cerner – des représentations mentales, nous aimerions évoquer un autre reflet de l'environnement sur l'activité cérébrale : celui qui se marque par l'activité de neurones dits miroirs. À l'origine de cette découverte, il y a l'enregistrement chez des macaques d'un réseau de neurones reflétant les particularités de l'activité du partenaire observé, qu'il s'agisse d'un autre macaque ou de l'expérimentateur. Ainsi l'observation induisait chez l'observateur une sorte de réplique ou de simulation des ordres moteurs qui lui permettraient d'imiter ce qu'il voyait. Cet exemple de représentation mentale peut être rapproché de la *copie efférente*, pourtant moins populaire en comparaison du vif succès rencontré par les neurones miroirs depuis la découverte de ce réseau par Giacomo Rizzolatti. Comme souvent, l'usage d'un mot du langage courant, ici le miroir, offre une métaphore directe qui peut se passer d'explications techniques complexes et permet aux scientifiques de faire comprendre au public ce qui les motive dans leur recherche. Trop simple certainement, si l'on pense aux généralisations abusives qui peuvent en découler. Ce ne sont pas les neurones qui reflètent quoi que ce soit, ils font partie d'un réseau de simulation susceptible de permettre une imitation, voire la compréhension des intentions du partenaire observé. À ce propos, il est intéressant de lire la réponse donnée par Rizzolatti & Sinaglia en 2015, à un ouvrage de Gregory Hicock critiquant l'usage du concept de neurones miroirs. Comme pour la *copie efférente*, les réseaux cérébraux qui animent des neurones « miroirs » témoignent d'une simulation pour évaluer le sens ou le succès d'une action et en garder la trace. Ce qui souligne l'importance de ces processus dans l'intersubjectivité et dans les comportements adaptatifs.

Des trajectoires entrelacées

La plasticité des réseaux de neurones actifs leur permet de garder des échos de cette activité par l'inscription des traces matérielles consolidant les synapses activées. L'efficacité de la mémoire tient aussi à son *organisation en système*, reliant différentes structures cérébrales, l'hippocampe et des régions du néocortex préfrontal, temporal et pariétal, notamment. Les diverses coactivations mises en évidence par l'imagerie cérébrale au cours de la « première exposition » à un événement attestent de cette organisation fonctionnelle. Mais il s'agit aussi de la configuration des événements tels qu'ils ont été vécus et ont pu se trouver remodelés lors de chacune de leurs réactivations (Gisquet-Verrier *et al.* 2015). Or, même un événement exceptionnel s'articule sur des antécédents plus ou moins semblables par leurs circonstances, il entraîne avec lui toutes les analogies qu'il pourrait susciter. Il appartient à une certaine famille d'événements et les traces analogues vont être réactivées et par là remodelées. Le caractère unique à cet événement c'est d'être survenu à un endroit et un moment précis. C'est la base de l'organisation de la mémoire en épisodes, en relation avec ce qui a précédé et suivi, et les autres lieux juste visités ou en projet.

La *mémoire épisodique* code le souvenir à long terme des événements vécus en qualifiant leur caractère unique par les trois labels « quoi, quand, où ? » qui marquent ce stockage. C'est cette mémoire qui offre à chacun la possibilité de narrer sa propre histoire en suivant des fils conducteurs qui *assurent cohérence et continuité à son identité.*

L'organisation et le rappel des souvenirs ainsi classés sont illustrés par la mémoire de l'espace. Cette dernière est particulièrement développée chez les espèces qui ont un grand domaine vital ou qui recourent à des cachettes disséminées pour y stocker de la nourriture qu'ils récolteront en période de restriction alimentaire. Il a fallu une révolution conceptuelle dans les années 1980, pour que l'on admette que les mésanges ou les écureuils possèdent une « mémoire » précise de leurs caches. C'était tellement plus

« objectif » de considérer que les écureuils obéissent à la règle simple : cacher au pied d'un arbre pour rechercher plus tard au pied d'un arbre également. S'ils ne retrouvaient pas « leur » noisette, ce serait celle d'un congénère obéissant à la même règle ! Or depuis une trentaine d'années l'éthologie a montré que les écureuils, comme divers oiseaux, retrouvent effectivement « leurs » propres cachettes (Sherry *et al.* 1989, notamment).

Cette mémoire est liée à l'hippocampe, une région cérébrale dont l'origine archaïque semblait s'opposer à l'hypothèse de son implication dans la mémoire humaine. Comment accepter que cette « recherche du temps perdu » soit animée par une structure si « animale » ? Mais l'analyse détaillée des connexions anatomiques entre l'hippocampe et des régions du néocortex associatif particulièrement développées chez les primates ont appuyé cette fonction. Une fonction confirmée en creux par les faits fréquemment attestés que des dommages hippocampiques, périnataux ou durant le cours de la vie, peuvent induire de graves amnésies. Et finalement l'imagerie cérébrale a donné un avis net, c'est bien l'hippocampe qui participe à l'efficacité des chauffeurs de taxi londoniens, longtemps avant la mode du GPS (Maguire *et al.* 2000).

Le processus de mise en mémoire épisodique peut être considéré à partir des déplacements d'un individu, pour nous, un rat, qui se familiarise avec un environnement nouveau. Le caractère répétitif de ses trajectoires d'exploration est manifeste, il semble suivre des règles simples, tout en intégrant les particularités de l'environnement, recoins, objets divers. Par des boucles qui reviennent systématiquement sur le point de départ (la porte d'entrée dans un environnement nouveau ou, plus brutalement, le lieu de son dépôt dans le labyrinthe par un expérimentateur), l'animal établit dans l'environnement une sorte de camp de base qu'il va « intérioriser ». C'est la création d'un lien indispensable entre la représentation et le monde, la base d'une sorte de *copie efférente* qui engendre des règles simples : en revenant au point de départ, je vais retrouver les repères qui y étaient attachés quand je l'ai quitté. Avec le temps, il établira d'autres bases secondaires et aura constitué un réseau des nœuds tracés par sa navigation

(Eilam et Golani 1989). Le mécanisme d'intégration du chemin (voir Etienne et Jeffery 2004) le ramène à son point de départ, et sa mémoire au travail, par les « hypothèses » qu'elle entretient, lui permet d'anticiper ce qu'il va percevoir dès la seconde répétition. Un signal d'erreur faible sanctionne une confirmation *suffisamment bonne* de ses attentes et garantit la mise en mémoire de vues locales fiables. La mémoire spatiale qui en sera dérivée lui permet de poursuivre sa navigation en codant des repères supplémentaires le cas échéant.

Grâce à une telle « représentation » – dont la complexité dépasse évidemment la « carte en tête » – l'animal peut anticiper ce qu'il va percevoir, naviguer plutôt que se guider. Il est proactif et « invente » le futur panorama qu'il perçoit dans ses déplacements C'est bien ce qui a été confirmé ces trente dernières années par l'analyse de l'activité de neurones hippocampiques au cœur de circuits codant la spécificité des lieux visités. Ces travaux ont valu un prix Nobel à John O'Keefe et deux collègues norvégiens qui ont suivi cette tradition d'enregistrement des activités neuronales dans l'hippocampe et le cortex parahippocampique, chez des rats libres de leurs déplacements dans des labyrinthes divers (O'Keefe et Nadel 1978 ; Jacobs et Schenk 2003). Seules les fortes entorses à ses attentes vont remettre en question sa représentation de l'espace. Les principes de ce remodelage touchent aux mécanismes psychologiques propres à chacun. Une partie peut en être illustrée par l'approche expérimentale menée chez l'animal, le rat de laboratoire essentiellement. Ces processus ont leur équivalent chez les grands singes ou les oiseaux dans des conditions naturelles, comme l'a illustré l'écoéthologie depuis une trentaine d'années.

Dans un champ isotrope, la géométrie des déplacements n'est pas particulièrement marquée, mais lorsque l'environnement est structuré par des objets, l'arpentage du terrain est en partie modelé par l'approche de ces éléments (Cohen *et al.* 2013). La structure d'un labyrinthe, notamment celle du très célèbre labyrinthe à huit branches, proposé par David Olton en 1977 déjà, peut induire des régularités remarquables. Les rats y développent précocement une stratégie suffisamment efficace pour patrouiller l'entier des huit branches sans revenir sur leurs traces.

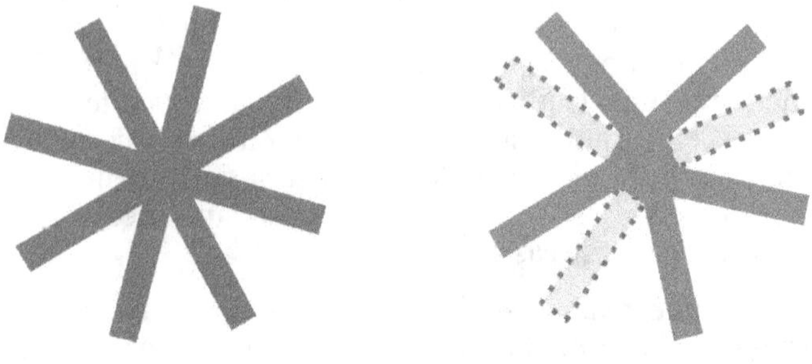

Figure 6 : Labyrinthe à huit branches

Fait étonnant, cette performance s'accompagne d'erreurs plus nombreuses dans un labyrinthe irrégulier (seconde figure) que lorsque les branches sont toutes espacées de quarante-cinq degrés (première figure) (Grobéty et Schenk 1992). Comme si, sans effectuer des choix systématiques, les rats développaient une sorte d'algorithme pour mémoriser les positions des branches. Le fait que l'analyse fine des choix dans une forme irrégulière fait apparaître une préférence pour les cinq branches distribuées de la manière la plus régulière (une forme quasi-symétrique) parle pour un avantage de la régularité, de la symétrie dans notre propos. On peut alors penser qu'une certaine régularité, induite ici par la symétrie de la forme, minimise la confusion entre les différentes sources à visiter.

Revenir à la représentation

Cette excursion dans le comportement animal illustre quelques propriétés de la symétrie, à la base d'une hypothèse mentale sur l'environnement, autrement dit, d'une carte cognitive. Elle propose une recherche de « même » dans les données sensorielles fournies par les activités exploratoires, un « même » qui serait compatible avec les attentes engendrées par la mémoire et les désirs de déplacement. Elle soulève aussi la possibilité d'une sorte d'inversion de cette quête de même, retournée en quête de différence dans un environnement très familier, que l'on qualifierait alors d'ennuyeux, une recherche de nouveauté. Et dans lequel toute discordance, si légère soit-elle serait amplifiée et rendue saillante par sa rareté.

Un peu de symétrie dans le droit… et beaucoup d'asymétrie

La symétrie est au cœur du vivant, ne reproduisant pas à l'*identique* mais seulement – et heureusement – selon du plus ou moins *même*, du *suffisamment bon pour*. Tout vivant est engagé dans une tâche, celle au moins de continuer de vivre, de « persévérer dans l'être » comme le disent les philosophes. En bref, cette symétrie dans le vivant est un mélange de *même* et d'*autre*, de ressemblances et de dissemblances, que l'on nomme classiquement *analogie*.

Comme nous l'avons vu, la symétrie – et précisément son ressort logique, l'analogie – paraît omniprésente dans les actes des vivants, et singulièrement des humains, en recherche permanente de *même* pour apprivoiser l'inconnu, c'est-à-dire l'*autre*, en le rapportant à du connu, c'est-à-dire à du *même*.

La symétrie pourrait même se révéler au principe de toute action humaine, à suivre les thèses de René Girard : le désir mimétique constituerait une donnée anthropologique en laquelle se fonde tout « vivre ensemble », à savoir toute vie politique (du grec *polis*, la cité). Girard (1978 : Livre I ; 2004 : 8) aime à citer Aristote pour qui l'imitation est une inclination naturelle de tout vivant : « L'homme se différencie des autres animaux en ce qu'il est le plus porté à imiter » (Aristote, *Poétique*, 4).

Et en amont de tout vivant, encore la symétrie. Non de l'*identique,* mais du *même et* de l'*autre*. De la symétrie et de l'asymétrie, soit une *rupture de symétrie* par laquelle naît le mouvement. Mouvement de l'univers tout entier à suivre la théorie dite du Big Bang où des écarts adviennent au sein du faisceau d'énergie isotrope produisant un « déséquilibre » ou plutôt un équilibre dynamique nouveau, en perpétuel mouvement, en incessante réorganisation, en continuelle rétroaction, avons-nous vu. La même figure de pensée, à peine plus métaphorique, fut soutenue par les atomistes grecs, puis latins : Leucippe, Démocrite puis Lucrèce. À les suivre, les atomes tombaient parallèles les uns aux autres ; tout à coup advint un écart, déviation provoquant collisions et montée en complexité vers les choses et les hommes.

Les humains resteraient gouvernés jusque dans leur vie politique par ce *clinamen*, cet écart initial, cette déviation. Leur liberté existe de par cette rupture de symétrie, comme tout vivant qui échappe de la sorte à la stricte isotropie, laquelle le condamnerait. L'âne de Buridan – si cher à Aristote – ne mourra-t-il pas de faim et de soif parce que les seaux d'eau et d'avoine sont à même distance de sa bouche ? En d'autres termes, notre liberté ne disparaît-elle pas du moment que les deux branches d'un choix sont de valeur parfaitement identique, parfaitement « symétrique » ? C'est le propre d'un dilemme authentique dont la solution confine à la disparition de la liberté : il sera tranché par l'arbitraire, tant *l'identique* est mortifère.

Et si la vie existe, et si la pensée opère, c'est qu'elles échappent à l'identique, se déploient selon l'analogie, laquelle n'a rien d'une démarche logiquement bâtarde, permettant tout et son contraire, donnant dans l'arbitraire justement, comme a pu le soutenir Karl Popper dans sa *Logique de la découverte scientifique*. L'analogie, si elle est subjective, dépendant du point de vue adopté pour regarder le réel, n'en a pas moins une structure rigoureuse, ne fût-elle pas déductive ou déterministe, en d'autre terme objective.

Par exemple, l'aile est à l'oiseau, ce que la nageoire est au poisson, ce que la jambe est à l'homme, selon une « même » fonction de motricité, déclinant de la sorte des analogies fonctionnelles, extrêmement fréquentes dans le vivant. Le premier rapport connu (aile/oiseau) organise l'extension du savoir vers l'inconnu ou, réciproquement, permet d'apprivoiser l'inconnu, malgré ses différences et grâce à ses ressemblances avec ce premier connu. Ce premier connu opère comme terme de comparaison, par exemple, pour comprendre la situation « nageoire/poisson » pour quiconque la vivrait pour la première fois.

Mais n'importe quelle comparaison ne sera pas reçue pour légitime par une communauté donnée : dira-t-on que la poudre est à la fusée comme l'aile à l'oiseau ? Cette légitimité, qui donne la validité de l'analogie, est bien subjective. Elle dépend de l'adoption d'un certain point de vue, auquel d'autres pourraient ne pas se ranger. Ce jeu des possibles révèle la plus profonde originalité peut-être de l'approche de la symétrie présentée dans ce chapitre. La symétrie recèle une dimension *subjective*, laquelle ne constitue en rien un obstacle à la connaissance mais signe plutôt l'assomption de la finitude humaine : sommes-nous coupables de ne pas entendre les ultrasons, de ne pas voir les infrarouges ?

En sa fonction cognitive, l'analogie apporte une grande simplification dans la complexité du réel, nous la rendant ainsi commensurable c'est-à-dire à notre portée (en partie seulement, cela va de soi) : il suffit de connaître l'un des trois rapports pour apprivoiser les autres, initialement inconnus, et sans avoir à reprendre le long chemin de l'apprentissage ayant conduit à la connaissance « suffisamment bonne » (pour pouvoir agir *en fonction* de cette connaissance) du premier rapport connu.

Est ainsi esquissée toute une dynamique de la cognition humaine, capable de reconnaître du *même* au sein de l'*autre*, un écart par rapport à de l'*identique*. Cet écart donne de l'information. Il permet *à la fois* le constat qu'il y a de l'inconnu, du nouveau, et le fait que je puis le « comprendre », l'apprivoiser. Je peux rapporter cet inconnu à du connu, par le choix, inconscient ou non, de certains de ses aspects et par le fait d'en « *narcotiser* » d'autres, dans la subjectivité d'un certain regard, puisque *choisi*. Toutes opérations présupposent que la symétrie observée n'est pas celle d'un modèle idéal, mais qu'elle est relative à une certaine *rupture* ou *frustration de symétrie*, comme nous le verrons par la suite.

Apparaît alors la structure logique de l'analogie en général, composée de deux modes, chacun supportant à lui seul déjà un raisonnement par analogie mais, en pratique, se présupposant l'un l'autre pour constituer un véritable *jugement d'analogie*, une démarche cognitive complète qui asserte parce qu'elle a tranché, arrêté une pertinence : *l'analogie dite de proportion* et *l'analogie dite d'attribution*. L'élaboration de la pertinence d'un rapport se conduit en fonction d'un rapport premier connu ou « donné » et par référence auquel est attribuée ensuite la similitude autorisant un traitement ou raisonnement *semblable* à propos du nouveau rapport rencontré. L'analogie de proportionnalité constitue donc le ressort de la conquête de l'inconnu et l'analogie d'attribution son point de départ.

En explicitant cette démarche cognitive courante de conquête de l'inconnu à partir d'un connu, le sujet se réfère à un premier rapport connu qui fonctionne comme point de départ, selon le mode dit d'analogie d'attribution. Ce point de départ n'a pas à être un rapport antérieur premier en soi, sorte d'origine de la connaissance. Il est simplement le fruit d'habitudes cognitives, de la tradition et de la culture, de l'esprit « embarqué » (*embedded*) et « incarné » (*embodied*) en quête de savoir : « Cet esprit est celui d'humains vivant en des sociétés particulières qui fournissent le cadre où se déroule le processus de connaissance, détermination qui à la fois permet et contraint la recherche de savoir. » (Lévy-Leblond 2006 : 164)[55]

Ainsi, en connaissant les oiseaux et les ailes qui en permettent la motricité dans les airs, celui qui pour la première fois observe un poisson nager peut former l'*hypothèse* que la chose dont bat le poisson (dénommée « nageoire ») lui assure, dans un milieu certes différent, la même fonction motrice que les ailes. Pour former cette hypothèse, le sujet se fonde sur le rapport concret « ailes/oiseau sous la raison de motricité ». Ce premier terme de comparaison (premier analogué) permet d'établir le rapport nageoire/poisson sous la même raison de motricité. Cette conjecture est suscitée par la (possible) symétrie entre les deux rapports, non identiques pour autant, ne serait-ce que par la différence des milieux propres à chacun des animaux considérés.

Le procès des découvertes scientifiques témoigne de semblables jeux d'analogies, infiniment plus élaborés assuré-

---

[55] Pareille position n'entraîne ni ne suppose aucun relativisme : « la relativité historique de la production des idées ne les condamne pas à l'arbitraire, mais exige certes une conception de la validité des connaissances scientifiques plus subtile que celle d'une objectivité abstraite et absolue. Au demeurant, l'évaluation de la *validité* d'une connaissance n'épuise pas sa signification ; se pose autant, et de façon indissoluble, la question de sa *pertinence*. » (Lévy-Leblond 2006 : 150)

ment mais en rien différents dans leur structure logique. Ainsi, la démarche scientifique suivie par Kepler dans le problème des orbites planétaires procède par inductions *et* conjectures, hybride de raisonnement *bottom-up*, à partir de cas et de projection d'hypothèses à même de constituer une explication vraisemblable des phénomènes observés :

> Kepler a appris de ses prédécesseurs que les orbites des planètes sont circulaires. Puis il observe deux positions de Mars et remarque qu'elles touchent deux points (x et y) qui ne peuvent être les deux points d'un même cercle. Le cas est curieux. Il ne le serait plus si l'on assumait que les planètes décrivent une orbite représentée par un autre type de courbe et si l'on vérifiait que x et y sont deux points de ce type de courbe (non circulaire). Kepler doit donc trouver une loi différente. Il pourrait imaginer que les orbites des planètes sont paraboliques ou sinusoïdales... Il importe peu ici de savoir pourquoi il pense à l'ellipse (il a sans doute de bonnes raisons). Il établit donc son Abduction [56] : si les orbites des planètes étaient elliptiques et si les deux positions de Mars révélées (x et y) étaient un Cas de cette Loi, le Résultat ne serait plus surprenant. Naturellement, il lui faut à ce stade vérifier son Abduction en feignant une nouvelle Déduction [un troisième point, z, de l'ellipse, position prédite et vérifiée]. (Eco 1993 : 181)

On reconnaît dans « prédite et vérifiée » les deux temps de la méthode scientifique dite « hypothético-déductive » : une hypothèse permet d'anticiper, nourrissant des attentes sur le mode d'un « si cela est vrai, alors... » ; et la déduction, l'hypothèse devenue loi après vérification empirique, permet de « pré-dire », de dire avant que l'événement n'advienne. Ce sont deux moments d'une même démarche cognitive *à la fois* inductive (inférence *bottom-up*) *et* déductive (inférence *top-down*), intriqués dans une seule et même fenêtre temporelle. Ce moment double caractérise non seulement tout acte de connaissance mais encore tout signe, linguistique et plus généralement sémiotique.

---

[56] Eco lui-même définit l'abduction par synonymie (partielle évidemment) avec l'analogie : « Si j'ai un Résultat curieux dans un champ de phénomènes non encore étudié, je ne peux chercher une Loi de ce champ (si elle existait et si je la connaissais, le phénomène ne serait pas curieux). Je dois aller "enlever" ou "emprunter" [*abduction* en anglais] une loi *ailleurs*. Si vous voulez, je dois raisonner par analogie. » (1993 : 181)

Voyant de la fumée, je – moi, ou mon cerveau, ou les deux – émets l'hypothèse « (alors) feu !? ». Hypothèse seulement, puisque d'autres causes (vraisemblables) sont possibles : vapeur, illusion d'optique (mirage), réaction chimique sans feu, *etc.* Mais compte tenu du *contexte* dans lequel je conduis mon inférence, « feu » est la conjecture la plus probable, la plus pertinente, celle qui fournit l'explication la plus « adéquate », toujours eu égard *à* une certaine finalité.

La restitution de la découverte des orbites elliptiques met parfaitement en exergue la force du contexte culturel et social dans le choix des possibles scientifiques. Kepler n'adopta pas son hypothèse suivant le hasard ou son bon vouloir mais « eut à choisir entre diverses courbes géométriques, dont le nombre n'était pas infini, et les *thèses précédentes* [nous soulignons] sur la régularité de l'univers l'amenèrent à ne chercher que des courbes fermées » (Eco 1994 : 264).

Dans ce choix « contraint » des possibles, s'exercent les deux modes de l'analogie ainsi que la puissance heuristique de l'attracteur ou modèle cognitif de la symétrie avec, en creux, l'information portée par l'écart. D'abord, l'analogie de proportionnalité comme moteur mouvant l'intelligence par comparaison, élaborée en référence à un premier rapport connu, point de départ de l'acte de connaissance. Ce premier rapport connu, disponible dans une culture donnée, intervient au titre de premier analogué de l'analogie d'attribution :

> Dans l'analogie, la proportion réfère l'une à l'autre deux tendances fondamentales de la pensée humaine : le rassemblement par ressemblance et la préemption imaginative de l'inconnu. Or, ces deux tendances, à la racine de tous les raffinements dans l'établissement du comparable et de toutes les critiques des procédures de l'imaginaire « prophétique », sont coordonnées l'une à l'autre par une loi de proportion. (Secrétan 1984 : 121-122)

La symétrie est une matrice qui, précisément, permet la constitution de classes, de « rassemblement », et simultanément l'écart, par l'insuffisance des ressemblances, l'*autre* étant plus fort que le *même*, contraste portant information, obligeant à regard décalé.

Paradoxe et symétrie

> On a souvent dit [...] que la science moderne est née de l'abandon de l'espace aristotélicien inspiré notamment par l'organisation et la solidarité des fonctions biologiques, pour l'espace homogène et isotrope d'Euclide. Ma théorie des structures dissipatives nous ramène vers une conception plus proche de celle d'Aristote. Qu'il s'agisse d'horloge chimique, de vagues de concentrations, de répartition inhomogène des produits chimiques, l'instabilité a pour effet de briser la symétrie, tant spatiale que temporelle. Dans un cycle limite, deux instants ne sont pas équivalents, la réaction chimique a acquis une *phase*, analogue à celle qui caractérise une onde lumineuse par exemple. De même lorsque, par suite d'une instabilité, apparaît une direction privilégiée, l'espace cesse d'être isotrope.
>
> (Prigogine et Stengers, *La nouvelle alliance*)

Qui, de la poule et de l'œuf, est premier ? Le paradoxe, comme souvent, met en exergue une insatisfaction logique, non une contradiction : d'Achille et la tortue aux paradoxes du sorite (à partir de combien de grain ai-je un *tas* de sable), en passant par le paralogisme du Crétois [57]. Dans cette précédence *réciproque* de la poule et de l'œuf se joue la fenêtre temporelle ou temps épais : ni l'un ni l'autre ne précède conceptuellement, le couple (ici) poule-œuf étant relationnel : on ne peut pas penser l'une des notions relationnelles et en disposer cognitivement sans faire référence à l'autre, fût-ce implicitement. Nous n'avons certes pas les moyens de trancher *logiquement* de tels paradoxes, sauf à ajouter des hypothèses : « si l'on comprend le paradoxe ainsi, alors... », structure du « si... alors » renvoyant à une logique indiciaire.

En bref, il faut définir le champ de validité ou de pertinence des assertions avancées : « Un énoncé scientifique ne peut prétendre à une certaine validité [...] que s'il est protégé par une batterie de conditions de pertinence » (Lévy-

57 Tous les Crétois sont menteurs ; or, je suis crétois ; donc je mens ; ce faisant, dis-je vrai ?

Leblond 2006 : 41). Pareille finitude, d'avoir toujours à préciser d'abord le champ de validité d'une assertion, n'équivaut pas à une défaite de la pensée mais plus simplement au constat de notre nature non-infinie ou, pour l'exprimer plus bellement, à l'acceptation de l'unité de notre substance mêlant indissociablement âme et corps pour reprendre le langage des Anciens. Si Aristote en fit le principe de sa philosophie, qualifiée alors à juste titre d'« anthropologie de la finitude » (Pierre Aubenque), des contemporains ne dédaignent pas pareille unité ou « confusion ».

Billeter peut-il ainsi écrire à propos de sa notion d'« objectivation » : « opération involontaire par laquelle, d'une synthèse imaginaire désignée par un mot, nous faisons une chose en soi, supposée exister objectivement *telle que nous l'imaginons* » (2012 : 29). Cette opération résulte notamment « de la rencontre de cette synthèse et du phénomène auquel elle *renvoie* [nous soulignons], tel qu'il est appréhendé par mes sens » (*Ibid.*), entendu que le corps n'est « rien d'autre que *de l'activité* » (Billeter 2012 : 13) et « à la condition [...] que nous nous représentions l'activité comme le fond commun de tous les phénomènes, en nous et hors de nous » (Billeter 2012 : 23)[58].

Nous avons en revanche en nous, suite à des expériences pratiques métabolisées en *social patterns*, *scripts* et autres *fabula*, les moyens de trancher *pragmatiquement* ces paradoxes. Mais, comme il s'agit de « para-*doxe* », soit d'assertions participant de la *doxa*, du non-*objectif*, de l'opinion, du sensitif, de la perception, la réponse ne ressortira pas au *logos*, à la déduction ou à quelque Raison pure mais à l'habileté, au savoir-faire, à l'expérience, à la prudence, en bref à la *mètis* ou ruses de l'intelligence.

Le travail de la cognition dans la « solution » (ou résolution) d'un dilemme campe emblématiquement l'activité de ces

[58] On renoue de la sorte avec les conceptions aristotéliciennes du monde toujours appréhendé suivant des perspectives dynamiques : on connaît d'abord les choses parce qu'elles sont *en acte* (soit de l'activité) et l'on remonte (soit de l'induction), grâce à quelque conjecture (soit en vérité de l'abduction) aux choses en puissance : pragmatiquement, je vois le chaton alors je puis remonter au sperme du chat, je vois le chêne alors je conçois ce qu'est le gland.

ruses de l'intelligence, plus humbles mais plus pragmatiques que la déduction. Le dilemme se présente comme une alternative dont les deux branches sont d'égale puissance rationnelle, de même valeur logique, « équi-valence » tétanisant le *logos*, le précipitant dans l'« in-décision », n'induisant aucune action, « in-action » qui sera fatale à l'âne de Buridan périssant de soif et de faim parce que les seaux d'eau et d'avoine se situent à égale distance de son museau.

Situation d'aporie, littéralement *aporos*, absence de chemin (de sortie), laquelle opère dans la pensée grecque comme paradigme de la mise en œuvre des « ruses de l'intelligence » (*mètis*), à leur tour illustrées emblématiquement par la métaphore du pilote de navire. La sagacité du pilote, vertu rationnelle sans être de *logos*, son habileté à lire des indices, sa capacité à discriminer le ciel et la mer malgré leur confusion à chaque vague réitérée, tout cela lui permet de trouver l'issue, la voie « suffisamment bonne pour » ne pas sombrer corps et âme. La lecture des indices n'est jamais qu'une tentative ou connaissance conjecturale qui précisément relève de la *mètis :*

> La connaissance conjecturale [...] procède par le détour d'une comparaison qui permet de saisir un événement inconnu à l'aide d'une ressemblance avec un événement familier. Pour Aristote, la « justesse de coup d'œil », l'*eustochia*, atteint un même résultat : elle permet de deviner une similitude entre des choses à première vue profondément différentes. C'est une opération intellectuelle qui se situe à mi-chemin entre le raisonnement par analogie et l'habileté à déchiffrer les signes qui relient le visible à l'invisible. (Detienne et Vernant 2009 [1974] : 302)

Comble de paradoxe, aussi cohérent que soit le *logos*, il ne peut s'exprimer sans *mètis*, c'est-à-dire sans ruse, habileté et savoir-faire.

Symétrie et justice

Abordant les questions de justice, le réflexe le plus classique consiste à se tourner vers le Livre V de l'*Éthique à Nicomaque* d'Aristote, présenté en Occident comme le manuel de base en la matière. Pourtant, à bien le lire, l'exposé a de quoi surprendre, prenant à revers maintes habitudes de pensée qui en ont par trop réduit la portée, un peu à la manière de l'invocation du placebo qu'un *a priori* péjoratif fait résonner en seule manipulation, tromperie ou tricherie. Aristote brise dès la première phrase notre prédilection à lire le réel en termes d'essences, d'entités fixées, stables, permanentes, vision statique du monde donnant préférence aux pôles sur la relation. Il relève qu'« [a]u sujet de la justice et de l'injustice, nous devons examiner sur quelles sortes d'actions elles portent en fait, quelle sorte de médiété est la justice, et de quels extrêmes le juste est un moyen. » (Aristote 1990 : 213 [1129 a])

Si nous suivons l'ordonnancement de ces trois questions, nous voyons la recherche – c'est-à-dire la pensée en acte – partir de la relation pour ensuite considérer les pôles qui la créent (« les extrêmes »). La primauté cognitive de la relation nous inscrit dans une conception dynamique du réel, en continu passage de la puissance à l'acte, « passage à l'acte » littéralement ou encore pensée du devenir ou, mieux, pensée de l'« entre » (deux)[59].

La phrase suivante (Aristote 1990 : 213-214) est tout aussi édifiante. Elle présente la connaissance humaine comme une démarche « hypothético-déductive ». On aime à considérer une telle démarche comme typiquement *moderne*, attitude d'une science enfin adulte ; on se démarque ainsi des positions pré-logiques dont on affuble volontiers les Anciens et surtout les Médiévaux. Comme le remarque Aristote, la recherche débute par la formulation d'une conjecture, soit telle « définition [de la justice] comme point de départ, à titre de simple esquisse. »

Quant à la phrase qui suit (Aristote 1990 : 214), elle est toute aussi déconcertante. Aristote distingue un fonctionnement

[59] Les pensées de l'entre revêtent grande actualité, peut-être de par l'épuisement, heureux, des conceptions statiques, souvent binaires de surcroît, du monde. Le regard sur l'Orient permet pareil dépassement, emblématiquement chez un François Julien (2012). Néanmoins, ce dernier, étrangement, fait l'impasse sur la philosophie du devenir, cœur de l'œuvre d'Aristote, pour se concentrer sur la matrice platonicienne, essentialiste pour le coup, dont il est difficile de nier, en effet, qu'elle constitue vraisemblablement la clé de lecture dominante de la philosophie occidentale. Un platonisme dans lequel Platon ne se reconnaîtrait guère.

de symétrie qui participe à la connaissance du réel en général, par réversibilité dans les questions de science et de potentialité : la chose et son inverse sont contenus dans la même notion. Par exemple, la force exercée de manière centripète peut s'inverser en centrifuge. De la même manière, la médecine est « en puissance » de la santé mais de la maladie aussi bien. Pour les dispositions ou vertus, dont la justice mais également le courage, la modération ou la modestie, la notion ne comprend pas son inverse ; et son contraire, alors, en sera une autre disposition, négative pour le coup, telle l'injustice ou propension à commettre des actions mauvaises.

Ces prolégomènes exposés, nous pouvons aborder avec plus de clarté les relations entre les deux espèces de justice dans la perspective de la symétrie.

Justice distributive et justice commutative : symétrie frustrée et équilibre dynamique des espèces

Les espèce dont il s'agit ici s'avèreront peu darwiniennes. Sont en effet en lice les deux formes principales de justice, la justice distributive et la justice commutative. La justice commutative, ou égalité arithmétique, s'élabore suivant une égalité plate, que du « même », x=y, confinant à l'égalitarisme. La justice distributive se construit selon une égalité géométrique, égalité de *rapports* ou de *proportions*, A/x = B/y. Elle relève en ce sens de la structure générale de l'analogie. Pour prendre des exemples scolaires : l'impôt que doit A rapporté à son revenu x équivaut à l'impôt que doit B rapporté à son son revenu y ; le salaire de A rapporté à sa responsabilité professionnelle x (un chirurgien, par exemple) équivaut au salaire de B rapporté à sa propre responsabilité professionnelle y (un comptable, par exemple). L'égalité géométrique intègre de la différence, de l'« autre », en l'occurrence une inégalité de montant d'impôts ou de salaire, tout en affirmant du « même », les rapports étant symétriques. Une *asymétrie* se love donc au cœur de la justice distributive.

La *singularité* que représente chacun rend bien difficile la construction d'une stricte égalité sur fond de données biologiques, physiques, psychiques, morales, sociales, économiques, *etc.* De ce fait, la justice distributive se rencontre pragmatiquement en premier. Ces différences heurtant souvent le sentiment de l'égale dignité des hommes, la justice commutative semble immédiatement requise pour « rééquilibrer » la balance, symbole de la Justice, laissant déjà entrevoir le juste comme fruit de la tension entre les deux formes d'égalité.

La philosophie politique et, parfois, la philosophie du droit s'interrogent volontiers sur la primauté, en temps ou en nature, de l'une par rapport à l'autre. La question se pose dans des termes analogues à ceux de la poule et de l'œuf.

On découvrira un début d'explication en modifiant la façon dont on les envisage : non l'une *puis* l'autre mais les deux *simultanément* en les embrassant dans une même fenêtre temporelle, que fonde et exerce la réciprocité de toutes notions relationnelles, c'est-à-dire réciproques l'une *à l'égard de* l'autre, ou mieux encore *l'une l'autre*. La justice commutative suppose en acte une certaine justice distributive « contre » laquelle elle revendique plus d'égalité arithmétique. Elle l'exige précisément en contrepoids d'une distribution première, non satisfaisante même si elle a tenté d'établir une certaine égalité, géométrique cette fois-ci ou égalité de proportion. La distribution du nominal (salaire, impôt, prime d'assurance, *etc.*) apparaît, par contraste avec l'égalité stricte, trop disproportionnée : trop d'« autre », pas assez de « même ». N'est donc pas forcément en cause l'idée ou raison de *proportion* mais plus finement la « *dis*-proportion » dans l'égalité géométrique en question. Réciproquement, l'égalité de proportion recouvre sa légitimité parce que l'égalité plate du nominal ne reflète pas (ou plus) des situations suffisamment proches ou « mêmes » pour justifier un traitement « à l'identique ». Les professions à haute pénibilité n'ouvrent-elles pas à un âge de retraite antérieur à celui des activités « normales » ?

Pragmatiquement, quiconque regarde une cité observe une certaine distribution des droits et devoirs, tâches et pouvoirs. La position des uns n'y pouvant s'échanger, se superposer, à celle des autres, cette distribution peut s'appréhender comme une rupture de symétrie à l'aune de la justice commutative. Cela ne signifie pas pour autant qu'une parfaite symétrie serait plus stable ou plus désirable. Le XXe siècle en connut quelques tentatives politiques dont les résultats furent épouvantables, funestes. De plus (ou en est-ce le reflet ?), d'un point de vue anthropologique, la justice commutative ne permet guère à elle seule de surmonter le problème du désir mimétique auquel ne paraît pouvoir échapper aucune société, dussent ses ressorts ne pas se réduire à ce seul moteur[60].

Il est néanmoins probable que tous ne se satisfassent pas de la distribution « initiale ». Au demeurant, elle n'est satisfaisante que relativement au moment où l'on a porté le regard sur cette société. Il y aura alors tentative de corriger – et l'on comprend la pertinence du qualificatif de justice *corrective* pour la justice commutative – cette distribution. Nous retrouvons une fois de plus un mélange entre « même » et « autre », entre symétrie stricte ou pure et symétrie frustrée. Se révèle à nouveau le principe même de toute information : l'*écart*, le *contraste*, un peu d'« autre » sur fond de « même ».

Le juste apparaît alors comme une tension entre les deux types de justice, deux attracteurs dont chacun permet à l'autre de produire du contraste, soit de l'information ou de la pertinence pour aller vers le juste, pour ajuster l'une à l'autre ces deux potentialités. Ces attracteurs opèrent comme modèles (idéaux-types), l'un corrigeant la focale de l'autre : trop de *même* pour la justice commutative, trop d'*autre* pour celle distributive. Chaque modèle est rendu plus pertinent dans son exercice, plus adapté ou adéquat, parce que nourri de contrastes induits par la présence de l'autre attracteur.

Il y aurait donc lieu, en bonne théorie du droit comme en bonne intelligence du réel, de distinguer la *réciprocité* de la *synallagmaticité*. La première n'est pas symétrique *dans son principe*, comme le donnent à voir les deux modèles les plus classiques de réciprocité : les relations entre parents et enfants et les liens entre *magister* et disciples, expressions de pouvoir sans domination, ce qui devrait être le propre de toute *autorité*, de l'*auctoritas* par contraste avec la *potestas*.

---

60 « [...] nous savons maintenant que le *désordre* pré-culturel et pré-sacrificiel possède une structure propre [...] fondée sur la *symétrie* absolue. » qu'est la symétrie mimétique (Girard 1978 : 336).

Cette distinction s'avère capitale en ce que l'immense majorité des systèmes de philosophie politique modernes rabattent le politique sur la puissance, la force, la domination ; de là, émergent les sempiternelles références à la concurrence, l'efficience, la performance, dont on voit alors qu'il s'agit de *choix* et non de *nécessités* s'imposant à nous, « nature des choses » dont nous ne pourrions en rien disposer.

En contraste avec la réciprocité, le droit connaît la notion technique de synallagmaticité, que le Larousse en ligne définit ainsi dans le cadre contractuel : « Se dit d'un contrat dans lequel les parties s'obligent les unes envers les autres et où la prestation de l'une est la cause de la contre-prestation de l'autre (exemple : vente, échange, *etc.*) »[61]. La brève liste exemplative des contrats synallagmatiques en montre bien le ressort : la symétrie de l'engagement, l'« équi-valence » des prestations. En d'autres termes, la réciprocité ressortit de la justice distributive, la synallagmaticité de la justice commutative.

La distinction permet de mieux rendre l'archéologie de l'idée moderne de contrat social, *alpha* et *omega* de la philosophie politique depuis Hobbes singulièrement. La référence au contrat – fût-elle partiellement métaphorique, le contrat social n'étant pas présenté comme un contrat au sens strict juridique, pas même affirmé de quelque réalisation historique – indique une logique de synallagmaticité, un égalitarisme de condition : le fait d'être « homme » est « identique » pour tous... sauf femmes, enfants, esclaves selon les périodes. Que pareille idée advienne en Europe à la Renaissance est intimement lié à la naissance de la science moderne dans la geste galiléo-cartésienne. Il y fallait de l'homogénéité, celle qu'emporta la science moderne de Galilée précisément, suite à laquelle le monde se trouva unifié, « uni-formisé » en « *uni-vers* », le « même » en toute « forme » (sur le modèle de la physique mécanique typiquement), en toute direction.

Le monde se définit dès lors par opposition (donc contraste) avec le *cosmos*, ordre hiérarchisé, notamment par la

[61] http://www.larousse.fr/dictionnaires/francais/synallagmatique, consulté le 16-04-2016.

séparation qualitative entre monde supralunaire (de perfection et d'éternité) et monde sublunaire (de changement, de devenir, de mort). Cette conception « différentialiste » des réalités est celle à laquelle répondait la pensée aristocratique. L'humanisme se trouvait alors, à rebours, légitimé à affirmer l'égale dignité des hommes... des *individus* en vérité. En effet, plus le regard porte sur les *singuliers*, plus les différences ou les asymétries se font nombreuses, le droit se destinant ultimement à rendre justice dans des cas à chaque fois particuliers, *in concreto.* Une sorte d'égalité des individus dans l'individualité même, *unique*, de chacun, bien que totalement différent de tous les autres. Égalité de tous dans l'autonomie de tout sujet, laquelle conduit au contrat. D'où, de manière analogue, la privatisation de toutes les relations sociales, fruit de ce contractualisme, désormais envahissant mais parfaitement « con-forme » au monde homogénéisé, ici des atomes, là des « atomes sociétaux » comme l'on dit parfois en philosophie (ou sociologie) politique des individus dans une formule qui affiche *volens nolens*, à son cœur défendant peut-être, un beau mécanicisme.

Le droit peut alors, suivant l'intranquilité du regard, à son tour asserter que de symétrie, point trop il ne faut.

Pourquoi chercher ensemble du *même* ailleurs

Revenons, au terme de ce chapitre, sur les motifs qui nous conduisent à chercher du *même* ailleurs. Si l'on recherche du *même* ailleurs, c'est, d'une part, parce que le monde fonctionne pour bonne partie par répétition de *mêmes* structures, à l'échelle microscopique comme macroscopique, dans la nature comme dans la culture ; ceci à l'instar des structures moléculaires comme le virus de la Mosaïque du Tabac mais également de la majorité des êtres vivants qui présentent une organisation générale de leur anatomie en symétrie miroir. De la même façon, nous avons vu que les productions humaines, qu'elles soient matérielles ou symboliques, tendent à la symétrie, de la plus innocente des comptines pour enfant jusqu'aux projets architecturaux les plus sophistiqués.

D'autre part, rechercher du *même* est une méthode particulièrement rentable pour appréhender l'environnement qui nous entoure ; cela permet non seulement de ramener l'inconnu à du connu mais également de faire ressortir le différent sur fond de ressemblances. La recherche de *même* est ainsi un moyen de faire sens du monde en structurant les objets dans des réseaux de similitudes et, corrélativement, de dissimilitudes. C'est dans ce jeu d'analogie, dans cet écart entre le modèle projeté (des attentes, des hypothèses ou des procédures cristallisées par l'expérience passée) et ce qu'il modélise (l'objet perçu ou traité) que se crée un sens pertinent, c'est-à-dire adapté au contexte dans lequel il est exprimé.

Chercher du *même* ailleurs, n'est-ce pas aussi, jusqu'à un certain point, le chemin que prend – ou, plus vraisemblablement, construit – la réflexion interdisciplinaire ? Peut-être, mais à la condition de chercher du *même*, non pas de l'*identique ;* autrement dit, à la condition de chercher des relations de *parenté* qui tout à la fois donnent les moyens d'une appréhension commune (une vision d'ensemble partagée) des phénomènes et permettent une exploitation créative des divergences à propos de ces mêmes phénomènes. C'est ce que ce chapitre a voulu faire en cherchant l'*expression du même* dans une variété de lieux et avec une diversité d'outils disciplinaires. Ainsi, après s'être doté d'une définition générale précise mais aussi peu formalisée que possible de la symétrie, il n'a pas été question de démontrer que la symétrie s'exprimait en tous lieux mais bien plutôt d'exploiter cette notion pour voir certains phénomènes sous un jour nouveau : qu'il s'agisse de la complexité des rapports entre modélisations mentales et ce qu'elles représentent ou du rôle de l'asymétrie pour établir une forme d'équilibre juridique et social.

Aussi, chercher ensemble du *même* ailleurs, c'est inévitablement constater de la *différence* dans un réseau de *familiarités.*

INTERMÈDE

Éloge de l'indisciplinarité

Nées des contraintes imposées pour traiter des phénomènes placebo et symétrie, les difficultés de l'interdisciplinarité sont apparues clairement dans les deux chapitres précédents. Elles tiennent à l'inévitable et nécessaire convergence et divergence des regards.

C'est un regard convergent, sensible au relief d'un objet complexe, qui s'impose pour aborder le phénomène placebo. Il faut résister à la tentation de considérer un objet statique, une matière, un médicament, et respecter ainsi la structure d'une fonction en mouvement. Or, tous les regards disciplinaires n'entraînent pas de manière égale une perspective dynamique, si bien que la nécessité de rendre compatibles ces regards convergents peut être source de tensions. Le produit de cette intégration s'expose à des critiques de transgression, voire de déloyauté, disciplinaire. Ce risque participe pourtant explicitement de la dynamique que nous avons adoptée, à savoir : passer de points de vue différents (plutôt qu'opposés) sur un même phénomène à une forme de consensus à propos de ce dernier. À cet égard, le choix d'une écriture à plusieurs – qui traverse l'ensemble de l'ouvrage – est générateur lui aussi de tensions à dépasser, cela afin que le langage partagé porte le reflet de chaque discipline tout en étant presque familier à chacun.

Divergence, dans la symétrie également. Notre définition du phénomène encourageait pourtant la convergence des regards. Et, dans l'exercice proposé, chacun était invité à mobiliser cette définition dans le champ de ses propres recherches. Il fallait néanmoins éviter qu'une promiscuité – favorisée par l'augmentation de la perméabilité des frontières disciplinaires – n'autorise à sortir de son domaine de compétence pour réfléchir « à la manière d'un autre », sans en partager les fondements disciplinaires. Par une consigne stricte, nous avons alors souhaité que chaque « point de vue » reste ancré dans une discipline. Un tel choix témoigne bien de la difficulté de naviguer entre respect de la diversité des langages disciplinaires et recherche d'invariants épistémiques.

Ces considérations nous ont conduits à plaider l'indisciplinarité, à la fois liberté à l'égard de sa propre discipline et respect pour les autres disciplines. Cette combinaison de convergence et de divergence pousse à considérer des complémentarités en prenant conscience des forces et des faiblesses de chaque forme de pensée.

Étymologie

Avant de se pencher sur la question de l'interdisciplinarité, il n'est donc pas inutile de faire l'étymologie sauvage de « discipline », à partir de quelques informations glanées dans un dictionnaire (Piccoche 2002). À suivre Piccoche, le sens du mot « discipline » a passé par de nombreux stades. À l'origine, il était rattaché à l'acquisition du savoir, il englobe plus tard l'image de punition et massacre, et même d'instrument de flagellation, avant de devenir éducation, règle de mœurs et matière d'enseignement, en passant par l'image sévère de la discipline militaire. Ainsi, au travers de son épaisseur sémantique, ce terme suggère à la fois l'ordre et la contrainte. Et il est vrai que, si l'on étudie une discipline, qu'on se consacre à elle, parfois l'on s'astreint, l'on se soumet à celle-ci.

L'origine des disciplines

On peut spéculer longuement sur le processus qui préside à la création d'une discipline. Un scénario simple pourrait être le suivant : À l'origine d'une discipline se trouve une problématique, une inquiétude, une interrogation ou une curiosité. Probablement toujours un besoin d'expliquer une partie de la réalité dans laquelle nous sommes plongés. Cette situation de départ contribue à engendrer un ensemble de questions nouvelles d'où jaillissent des éléments de réponse, des représentations, un vocabulaire et des objets conceptuels pour servir de support au discours. Peu à peu parmi les démarches tentées, celles qui ont apporté jusque-là des réponses convaincantes, se précisent et s'imposent. Les méthodes se perfectionnent. La discipline prend forme et se distingue de ses voisines. Cette évolution renforce les structures émergentes et crée – pour parler le langage des biologistes – des membranes de nature diverse, qui séparent le dedans du dehors. Il apparaît des frontières. Un territoire se forme et avec lui plus tard la volonté de le défendre, avec parfois l'apparition d'une idée de corporation, de clan. Cet aspect social peut, progressivement et dans certains cas, occulter le but premier de la discipline, celui qui consiste à mieux comprendre cette partie de la réalité à laquelle s'adressent les questions originales.

L'interdisciplinarité

Les raisons de vouloir sortir de sa propre discipline sont nombreuses.

Tout d'abord, puisque toute discipline a sa frontière, la curiosité naturelle de tout scientifique le pousse à s'intéresser à ce qu'il y a de l'autre côté. Car pour comprendre une frontière, idéalement il faut savoir ce qu'il y a au-delà.

Puis le discours des chercheurs d'autres domaines peut nous sembler parfois étrangement familier. Soit que les problèmes traités paraissent proches, même si le contexte et la démarche sont très différents, soit que les objets et représentations utilisés offrent une analogie marquée avec les nôtres. Dans ces deux cas, quitter sa discipline pour tenter de comprendre plus précisément le discours extérieur, peut s'avérer fructueux pour notre connaissance en général, mais également pour nos propres recherches.

Une autre incitation à se pencher sur une discipline extérieure peut être provoquée par une similarité des méthodes. Que signifie le fait d'utiliser les mêmes outils pour traiter des problèmes différents ?

Sortir de sa propre discipline, cela signifie-t-il automatiquement entrer dans une autre ? Et de quelle manière en sortir ?

Il est intéressant de constater qu'on utilise de manière presque synonyme les termes d'interdisciplinarité, de transdisciplinarité, parfois de pluri- ou multidisciplinarité. Mais ceux-ci font allusion à des aspects différents de ce passage de frontières. Il n'existe aucun consensus sur l'acception de ces termes. On peut voir la différence de la manière suivante : interdisciplinarité semble suggérer l'existence d'une réalité commune à plusieurs disciplines, lesquelles pourraient être plus efficaces dans leur tentative de comprendre si elles essayaient de joindre leurs ressources. Dans le meilleur cas, cela peut provoquer une ouverture de frontières, dans le pire, cela n'engendrera qu'un ensemble de discours parallèles. La transdisciplinarité fait allusion à la présence d'une problématique, d'une interrogation ou d'une démarche méthodologique qui traverse les disciplines. Le chercheur pourrait alors se voir encouragé à utiliser sa compétence disciplinaire pour l'étendre à un autre cadre. Le terme pluridisciplinarité quant à lui renvoie à l'existence d'un ensemble de disciplines proches dont chacune pourrait profiter de la collaboration avec ses voisines. Ici encore le discours résultant ne sera fait, dans le cas défavorable, que d'une juxtaposition de compétences spécifiques à un domaine.

Une nouvelle dimension

Pour dépasser le carcan imposé par une partition stricte du savoir, il faut inventer et pratiquer une certaine forme de transgression. Mais comment sortir de sa discipline ?

Comment surmonter cette difficulté, toujours répétée, de s'introduire dans la forteresse d'un espace culturel voisin ?

Une petite nouvelle mathématique, impertinente et stimulante, peut nous fournir une illustration simple de la situation et une piste pour une solution. Cette nouvelle, écrite par Edwin A. Abbott en 1884, est intitulée Flatland et décrit un monde à deux dimensions, un plan, avec ses habitants. Ces derniers sont des polygones réguliers, dont le nombre de côtés reflète leur importance sociale. Le cercle, limite d'un polygone dont le nombre de côtés tend vers l'infini, est l'idéal absolu. Les interactions entre les habitants sont régies par les lois locales, géométriques du plan. Or un soir, dans un espace fermé de ce monde, dans une maison, des habitants sentent tout à coup la présence d'un être, d'abord presque imperceptible, un simple point, puis de plus en plus présent sous la forme d'un cercle grandissant. Assurément un être supérieur. La grande question est la suivante : Mais comment est-il entré ? L'explication est simple : il s'agit d'une sphère, donc d'un être de dimension trois, qui traverse le monde, Flatland, à cet endroit, dans son univers de dimension supérieure, univers auquel les habitants, soumis aux croyances de leur culture, refusent de croire. La pénétration dans une maison sans forcer de porte s'explique pourtant très simplement par ce phénomène. Pour nous, habitant un espace à trois dimensions, cela paraît évident. Mais qui d'entre nous arrive à imaginer qu'on puisse pénétrer dans une de nos chambres fermées, sans infraction ? Or si notre monde était par hasard plongé dans un espace de dimension quatre, cela serait un jeu d'enfant. Mais le croyons-nous vraiment ? Parvenons-nous même à l'imaginer ?

Le parallèle avec nos cases disciplinaires est clair. Au lieu de forcer les frontières voisines et de pénétrer le nouveau territoire en emportant avec soi toutes ses compétences locales, peut-être vaudrait-il mieux commencer par remettre en question la soumission inconditionnelle à sa propre discipline. Trop souvent les conventions et les usages établis – problèmes, méthodes et représentations – sont autant de chaînes qui empêchent la collaboration réelle. Une attitude de remise en question pousserait alors à chercher une dimension nouvelle qui, si elle existe, permettrait de mieux connaître d'autres domaines, d'y apporter sa contribution propre sans arrogance missionnaire et de profiter de cette nouvelle perspective, plus globale, pour retourner enrichi vers sa propre spécialité.

Cette manière de transcender sa discipline, d'en briser le carcan afin d'être plus libre et plus léger pour trouver un accès à d'autres domaines, pourrait se nommer indisciplinarité. C'est une remise en question de son propre territoire qui peut être très difficile et dangereuse, mais qui porte en elle l'espoir de véritables rencontres et d'échanges entre domaines du savoir. Et surtout, elle nous permet de voir son domaine spécifique dans une perspective nouvelle, où le recul obtenu pourrait nous révéler des structures inattendues.

Bien sûr, l'indisciplinarité présente aussi des dangers réels. Ceux-ci peuvent être de nature scientifiques ou sociales. Un chercheur incertain risque d'y abandonner le lien avec sa discipline et finalement d'y perdre son âme. D'autre part, l'isolation et le rejet de ses pairs le guettent. Et la découverte d'une nouvelle perspective n'est pas garantie.

La pensée fluide

Mais une fois cette indisciplinarité accomplie avec succès, la nouvelle dimension ainsi acquise redonne une certaine virginité à la pensée. Au lieu de suivre des rails éprouvés, elle devient fluide, c'est-à-dire flexible, mutable, adaptable – et peut s'ouvrir à l'analogie tout en gardant sa rigueur logique. Elle permet alors de se pencher plus librement sur le problème de la transposition des concepts d'un domaine à l'autre, donc de mettre à jour les similitudes entre domaines du savoir – les homomorphismes. Mais aussi de trouver, dans le meilleur cas, des solutions nouvelles dans sa discipline propre et de re-visiter celle-ci de manière inattendue.

L'indiscipline mathématique

Voici un exemple décrivant un cas heureux d'indisciplinarité. Il est tiré de l'histoire des mathématiques du

XVIe siècle et concerne l'introduction des nombres imaginaires dans le champ de l'arithmétique. Cet exemple illustre comment la désobéissance disciplinaire peut provoquer la découverte d'une nouvelle dimension permettant de voir sa propre discipline et les disciplines voisines sous un jour étonnamment neuf.

Prenons l'état des connaissances arithmétiques dans la première moitié du XVIe siècle en Italie, haut lieu de la recherche mathématique à cette époque. Après la difficile introduction du zéro et des nombres négatifs, malgré toutes les résistances (particulièrement ecclésiastiques), on s'était attaqué à la résolution des équations du deuxième et troisième degré en utilisant tout l'apport de la culture arabe.

Cardano avait publié son Ars Magna en 1545 dans lequel il affronte l'impossibilité des racines carrées de nombres négatifs. Sans écarter ces derniers, comme sa discipline le voudrait (il ne peut pas exister de nombre dont le carré soit négatif), il enjoint le lecteur à imaginer que le résultat existe. Une décade plus tard, Bombelli prit au sérieux cette fiction et chercha à décrire le comportement mathématique de ces entités douteuses. Ce n'était assurément pas des nombres, mais certaines de leurs propriétés étaient pourtant celles d'un nombre. Bombelli, d'une certaine façon, montra dans ses spéculations une attitude ouvertement indisciplinaire et remit en question l'univers des nombres tel que l'arithmétique de l'époque le revendiquait. Plus tard, Gauss prouva que les nombres légaux, admis, les nombres réels, ne formaient que l'une des dimensions du nouvel univers des nombres, les nombres complexes. Les êtres fictifs, les nombres imaginaires décrits par Cardano et Bombelli, rajoutaient une deuxième dimension au nouvel univers des nombres. Donc, pour comprendre l'ensemble des solutions d'une équation, il fallait sortir de la vision unidimensionnelle qui était la règle jusque-là. Cette sortie dans l'espace devint une procédure extrêmement fructueuse, non seulement en arithmétique, mais également dans de nombreuses autres disciplines mathématiques et physiques. La question de la dimension est devenue depuis une interrogation capitale dans diverses démarches scientifiques. Un point de vue extraordinairement fécond, qui a probablement son origine dans un simple mouvement d'indiscipline mathématique.

L'indisciplinarité

Si le terme discipline peut paraître aux yeux de certains un peu trop étroit pour décrire le cadre d'un développement libre et créatif, il est vrai aussi qu'il suggère, dans son acception positive, une structuration et une mise en ordre des connaissances accumulées, utiles, voire indispensables, à une gestion efficace du savoir et des moyens propres à son acquisition. Avec cependant le risque d'une hiérarchisation administrative lourde et d'une normativité pesante.

La discipline crée ses propres membranes, pour reprendre la métaphore biologique du scénario proposée plus haut. Elle distingue l'intérieur de l'extérieur à l'aide de ces membranes dont l'un des principaux intérêts réside dans la perméabilité. Cela signifie des échanges réglementés avec les disciplines voisines. Il s'agit d'une forme d'interdisciplinarité limitée, mais continue et indispensable à la survie d'une discipline. Mais une autre forme importante d'interaction réside dans le mouvement réflexif, critique que nous avons essayé d'illustrer dans ce qui précède, *indisciplinarité* : la recherche d'une dimension nouvelle par la remise en question de nos propres certitudes et habitudes. Recherche qui nous libère d'une perception trop ancrée dans notre discipline. Suivre cette nouvelle dimension présente à la fois des dangers et des espoirs. Peut-être qu'il n'en résultera qu'un éloignement et un isolement, et que nous serons coupés de nos racines. Mais dans le meilleur cas, cela nous permettra de nous élever, de prendre du recul pour voir différemment notre propre domaine, puis les domaines extérieurs, et de parvenir ainsi à une connaissance plus globale.

PARTIE II

De la science dans un monde de symboles

Science et langage

QUAND LE ROI NU SE RHABILLE…

Toute la Terre avait une seule langue et les mêmes mots.
Comme ils étaient partis de l'Orient, ils trouvèrent une plaine au pays de Schinear et ils y habitèrent. Ils se dirent l'un à l'autre : Allons, faisons des briques et cuisons-les au feu. Et la brique leur servit de pierre, et le bitume leur servit de ciment. Ils dirent encore : Allons, bâtissons-nous une ville et une tour dont le sommet touche au ciel, et faisons-nous un nom afin que nous ne soyons pas dispersés sur la face de toute la terre. L'Éternel descendit pour voir la ville et la tour que bâtissaient les fils des hommes. Et l'Éternel dit : Voici, ils forment un seul peuple et ont tous une même langue, et c'est là ce qu'ils ont entrepris ; maintenant rien ne les empêcherait de faire tout ce qu'ils auraient projeté. Allons, descendons et là, confondons leur langage afin qu'ils n'entendent plus la langue les uns des autres. Et l'Éternel les dispersa loin de là sur la face de toute la Terre ; et ils cessèrent de bâtir la ville.
C'est pourquoi on l'appela du nom de Babel, car c'est là que l'Éternel confondit le langage de toute la terre, et c'est de là que l'Éternel les dispersa sur la face de toute la terre.

(Genèse)

Des observations isolées, dans des langues diverses, comprises seulement des intellectuels appartenant à une culture et à un groupe linguistique particuliers, ne peuvent faire science, transmise à travers le temps et l'espace à ceux qui ne maîtriseraient pas leur idiome. Pour se faire mémoire transmissible, les idées scientifiques doivent adopter une forme parcimonieuse, être formalisées pour s'affranchir autant que possible du défi de la Tour de Babel. La théorie et sa formalisation au-delà des langues naturelles jouent un rôle primordial dans cette mémoire individuelle et collective qui permet de conserver, de transmettre, de discuter et d'étendre le savoir.

Un postulat essentiel de ce texte est que la *théorie* représente une forme efficace de mémoire, indispensable dans l'organisation et la transmission du savoir. Pour être diffusée, transmise, discutée, critiquée, toute théorie doit être rendu explicite et la moins ambiguë possible, dans certains domaines, même formalisée, voire mathématisée. Se pose alors la question de la langue qui véhicule la théorie. À l'aide d'illustrations fournies par plusieurs débats scientifiques (système solaire, axiomatique, théorie des catégories, théorie des nombres,...), il est possible d'esquisser ce qu'on pourrait appeler la fonction mnésique de la théorie. Si l'on admet que tout savoir se constitue à partir de l'observation notamment de régularités, de structures remarquables et de coïncidences, le pas suivant dans la démarche scientifique ne peut être que la catégorisation.

La place que tient la théorisation dans la démarche scientifique se situe dans une étape ultérieure, après la phase de collecte de résultats et d'observations et une mémorisation temporaire de ces données. Après une phase de catégorisation, étroitement dépendante du corpus linguistique, commence l'ébauche d'une véritable théorie. Celle-ci crée un réseau à partir des concepts définis par la classification avec des liens logiques et la possibilité de définir de nouvelles notions à partir de ces concepts. La théorie, essayant de surmonter le défi de la Tour de Babel, non seulement résume et codifie les observations passées, mais est un instrument de représentation, de modélisation, qui autorise l'extrapolation et aussi la déduction de conséquences logiques. Celles-ci à leur tour permettent, par une confrontation avec la nature, la vérification ou la réfutation, et finalement rendent possible l'évolution de la théorie elle-même.

La première partie de ce chapitre montre comment la science peut être retenue, contrainte, voire polluée par la langue naturelle. On s'y fait l'avocat du diable, recensant tout ce qui dans la langue peut obscurcir la démarche scientifique, la considérant comme un obstacle plutôt qu'une chance dans le bilan des progrès de la connaissance. Logiquement, la deuxième partie élabore sur les contre-feux qui ont été mis en place – dans le domaine des mathématiques – pour aboutir, ou plutôt tenter d'aboutir, à des théories fondées sur des notations pures, formalisées, *language-free* dans la terminologie anglo-saxonne, débarrassées des impuretés et des scories propres à la communication en langue naturelle. Mais ces tentatives restent incomplètes et justifient le recours, par défaut et par nécessité, à une langue neutre, ou présumée telle, et partagée, ou supposée telle.

La troisième partie vise à illustrer de manière comparative les progrès théoriques accomplis au XVIIe siècle en *lingua franca* (le latin) sur le système solaire avec ceux qui ont été faits au XIXe siècle dans le domaine de l'axiomatique dans un contexte scientifique plurilingue où les langues des chercheurs (allemand, anglais, français, italien, russe) étaient non seulement celle(s) de leurs recherches mais aussi celle(s) de leurs publications. La comparaison suggère que la *lingua franca*, que ce soit le latin autrefois ou l'anglais aujourd'hui, n'est une condition nécessaire ni des progrès de la théorie ni de sa fonction mnésique, ni de sa conservation, ni encore de sa transmission.

Ceci nous éloigne de notre position d'avocats du diable de la première partie, et nous conduit donc, dans la quatrième partie, à examiner ce qui, dans le processus d'une science plurilingue, est favorable à la créativité scientifique. Cette dernière partie part d'une analogie – lointaine certes, mais allégoriquement riche – entre la problématique du zéro et de l'infini en mathématiques et une situation fréquemment rencontrée dans les bandes dessinées où le héros, suspendu dans le vide, ne chute que lorsqu'il s'en aperçoit. À partir de cette allégorie, nous montrons comment l'angoisse du vide symbolique peut s'avérer réductrice de créativité, mais aussi paradoxalement un ferment du progrès de la connaissance par le plurilinguisme et l'intégration de concepts issus de contextes linguistiques différents (sanskrit et arabe en l'occurrence, comme le montre l'exemple à suivre concernant le zéro) qui n'éprouvent pas ce type d'angoisses sémantiques.

Le constat : une science potentiellement polluée par les mots

Chaque usage d'une langue possède ses particularités et ses points de vue propres pour traiter du concept de « conséquence » et plus généralement de toute la structure argumentative. Tout discours crée sa propre réalité, ou du moins, opère son propre découpage de la réalité. Ce découpage influence nos représentations mentales, qui peuvent donc différer selon l'idiome choisi. L'argumentation se base largement sur les éléments de cette représentation et sur les relations qui les relient, en exploitant les mécanismes logiques et analogiques. Elle est dépendante, dans une mesure certaine, de la langue utilisée. « Exprimée en langue naturelle, l'argumentation épouse tous les mécanismes – vices et vertus – de celle-ci : l'ambiguïté, l'implicite, la logique naturelle, l'indirection, la figurativité – somme toute tous ces traits destinés à induire une pertinence communicative » note Mariana Tutescu (2003).

Comme dans les expressions *rester sans voix, être sans mots*, une science idéale pourrait vivre « sans mots », même si elle produit malgré tout de la connaissance. Mais elle ne serait que formes parfaitement neutres. Elle représenterait de façon parfaite le fait brut, la méthode pure, les processus de recherche, et les résultats de ces processus. Et ils seraient compréhensibles de tous, insusceptibles d'interprétation. Ces formes correspondraient à un sens univoque et universellement partagé, sans possibilité de débat sur un sens par rapport au fait, aux données. Tous s'entendraient parfaitement sur le sens, sur ce que ces formes recouvrent.

La forme pointerait du doigt la réalité sans ambiguïté aucune. Elle « désignerait immédiatement » le fait pur.

Les risques de « pollution » de la science par la langue sont difficilement contestables. On peut craindre en effet que, par un renversement de perspective dû à la puissance de dénomination et de catégorisation du discours, on puisse soutenir que, de façon paradoxale, le mot peut finir par créer le fait et le vocable peut engendrer le concept qu'il est simplement censé représenter. L'angoisse est légitime que les mots du discours ne rendent plus compte du fait brut. Le caractère légitime de cette préoccupation est d'autant plus clair dans la perspective des critères de la scientificité : lois générales, reproductibles, décontextualisées, *etc.*

Les mots de la langue véhiculent des présupposés implicites qui peuvent s'avérer défavorables au progrès de la science

Une bonne illustration de ce problème de « langue limitante » est fournie par l'émergence tardive, seulement au XIXe siècle, de la Géométrie non euclidienne. Pendant plus de deux millénaires, la géométrie a été enseignée essentiellement à travers les *Éléments* d'Euclide. Pendant tout ce temps, la terminologie s'est en quelque sorte « naturalisée » en ce sens que la signification accordée aux termes de « point », « droite », « parallèle » et autres est tombée dans le domaine public. Si bien que l'une des énigmes des *Éléments*, le cinquième postulat, n'a pas été résolue pendant très longtemps. Ce postulat revient à dire que : *par un point extérieur à une droite, on peut faire passer une et une seule parallèle à cette droite*. Cette affirmation semblait, dès l'origine, clairement découler des autres principes admis, ce que personne n'est parvenu à montrer. Ce mystère a résisté essentiellement parce que le langage courant ne permettait pas de prendre du recul et de mettre en doute ce postulat ou de le « prouver ».

Il a fallu une bonne dose d'indiscipline, de créativité, d'impertinence, voire de courage pour affirmer au début du XIXe siècle que, peut-être, les droites des mathématiciens n'étaient pas simplement les droites du langage ordinaire, avec leur charge de connotations figées et leur représentation imposée. Mais une fois sortis de leur contexte linguistique, ces objets mathématiques se révélèrent sous un jour nouveau et facilitèrent l'invention de nouvelles formes de géométries. On put ainsi trouver une solution au problème du cinquième postulat grâce au recul obtenu en sortant du langage ordinaire.

Si dans l'acception habituelle de ces termes, les notions de *point* et de *droite* ne permettent pas à l'imagination de concevoir plus d'une *parallèle* à une droite passant par un point, il en est tout autrement si l'on s'accorde une plus grande liberté de s'éloigner de l'usage courant de ces termes. Les deux illustrations ci-dessous représentent à gauche la vision traditionnelle des objets mathématiques et à droite une représentation non euclidienne (le modèle de Klein-Beltrami d'une géométrie hyperbolique, milieu du XIXe siècle), qui « limite » la notion de droite à la corde, sans les extrémités, d'un cercle représentant – dans l'imaginaire mathématique – l'infini. Dans ce modèle, les quatre premiers axiomes de la géométrie d'Euclide sont vérifiés, mais le cinquième postulat, lui, est invalidé. La possibilité de plusieurs parallèles (en pointillés) – qui ne coupent pas la droite – devient évidente !

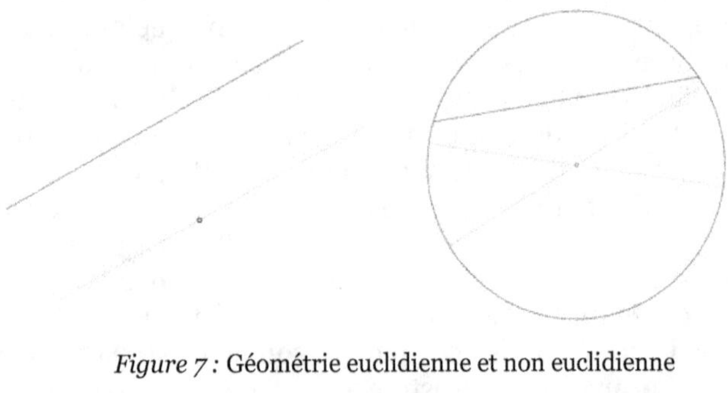

Figure 7 : Géométrie euclidienne et non euclidienne

Au début du XXe siècle, le mathématicien allemand David Hilbert entreprit de refonder la géométrie d'Euclide sur la base des développements récents. Il proposa même, dans un élan d'humour, dans le préambule de son travail, de ne plus parler de « points », de « droites » et de « plans », mais, pourquoi pas, de « tables » de « chaises » et de « chopes de bière ».

Dans cette perspective, les axiomes d'Euclide présentent un visage neuf et surprenant. Par exemple, le premier axiome devient : « Deux tables différentes déterminent toujours une chaise ». Ce n'est qu'une plaisanterie, bien sûr, mais il serait tout de même possible de parler sérieusement de géométrie en ces termes étranges. La réorganisation de l'acception des termes « points/droites » n'est pas un véritable changement de langage, mais constitue une possibilité de distanciation par rapport aux automatismes figés du discours scientifique communément admis, donc en quelque sorte, univoque.

L'angoisse face au mot, facteur de blocage du progrès de la connaissance

L'exemple du zéro (et de l'infini), relaté ci-après, illustre comment l'angoisse face à l'inconnu, voire au sentiment du vide, des jugements de valeur latents et des idéologies incrustées dans l'habitude et l'intérêt établis peuvent conduire à une stagnation du savoir. Comment imaginer aujourd'hui que l'utilisation du nombre zéro puisse poser un problème, ou pire, qu'elle ait pu provoquer dans l'Europe de la Renaissance une peur et un rejet comparables à ceux qui ont accompagné les débuts de l'arithmétique ?

Il existe de nombreuses spéculations sur l'origine des nombres, mais il semble que la notion de comptage soit principalement impliquée dans leur genèse (Ifrah 1994). Les systèmes de numération sont essentiellement de trois types : additif, hybride ou positionnel. Les deux premiers sont fondés sur le principe d'addition, avec une valeur attachée à chaque chiffre, indépendamment de sa position dans la représentation. Les nombres romains en sont une illustration. Ces systèmes additifs ou hybrides permettent de représenter un nombre de manière lisible, mais n'autorisent guère les opérations d'une certaine complexité. La multiplication de nombres écrits dans le système romain devient un casse-tête même à partir de nombres relativement petits.

La représentation positionnelle des nombres, le système que nous utilisons aujourd'hui, est apparue sous une forme archaïque dans les systèmes babylonien, chinois mais aussi maya. Il nécessite l'usage d'un zéro, c'est-à-dire d'un symbole qui puisse marquer une place vacante dans l'ordre des chiffres. C'est le système indien, le plus raffiné et le plus performant, qui a non seulement intégré l'idée de position et le symbole « zéro » dans sa représentation des nombres, mais a également tenté de donner un sens à ce dernier symbole et de l'intégrer dans la catégorie des nombres véritables. Le terme « shûnya » était le nom ordinaire du zéro en sanskrit et signifiait « le vide », « l'absence », « le néant » ou « le rien ». D'autres symboles numériques pour « zéro » pouvaient signifier « le point », « le trou », mais aussi « la totalité » et même « l'infini ». Les mathématiciens indiens ont compris très tôt le lien entre le zéro et l'infini, l'un étant l'inverse de l'autre dans certains de leurs raisonnements impliquant la division. Le terme « shûnya » est devenu, en transitant par le monde arabe, « al sifr » puis finalement « chiffre » en français. « Chiffre » est devenu emblématique de tous les symboles numériques indiens, ou « arabes » comme on les nomme parfois.

Lorsque la numération indienne fut progressivement adoptée en Europe, entre le XIIIe et le XVe siècle, elle fut mal accueillie par le clergé notamment[62], qui craignait que la facilité de calcul que cette écriture offrait, ne lui enlève une part de ses prérogatives en démocratisant trop un savoir qu'il détenait en partie. En outre, c'est bien le zéro et son usage dans le calcul qui soulevèrent les plus grandes craintes et les plus fortes réactions de rejet. Ceux qui utilisaient les systèmes de numération additifs, comme les chiffres romains, et devaient s'aider d'un abaque, sorte de planche avec des jetons que l'on manipulait selon des règles complexes étaient appelés « abacistes », ceci par opposition aux « algoristes »[63] qui utilisaient l'écriture positionnelle avec le « zéro ». L'écriture indienne permettait aux algoristes de calculer directement à partir des chiffres, selon des règles

---

[62] Pourtant, c'est Gerbert d'Aurillac, le futur pape Sylvestre II, qui a tenté d'introduire les chiffres arabes (sans le zéro) en Europe au début du millénaire. Mais il fut traité plus ou moins ouvertement de « sorcier » et d'« alchimiste », et en 1648 son tombeau fut même ouvert sur ordre des autorités pontificales pour vérifier s'il contenait des preuves de sorcellerie.

[63] En référence au mathématicien arabe Al Khuwarizmi, dont le livre d'arithmétique résumait le système indien et permit la diffusion dans le monde arabe. Le terme « algorithme » utilisé aujourd'hui dérive de son nom.

simples et efficaces. Cependant, l'usage du symbole « zéro » devint rapidement la source d'une certaine peur dont l'origine est à chercher dans l'ambiguïté de ce nouveau signe.

Pourtant, si le symbole « zéro », à la fois ambigu, sémantiquement incertain mais aussi diaboliquement efficace, est à l'origine d'une peur répandue, son usage est aussi le point de départ d'un développement prodigieux de l'arithmétique et de l'algèbre. C'est précisément cette peur qui a provoqué l'apparition d'une nouvelle conception des nombres, plus abstraite et plus unifiée. Les nombres acquéraient une autonomie par rapport aux objets préexistants qu'ils étaient supposés représenter jusque-là.

La science comme tentative de s'affranchir du texte

La science peut être considérée pour part comme une tentative de s'affranchir des mots. Autant dans les principes que dans les applications concrètes de la « science sans mots », celle-ci devrait se passer de mots, ne montrer que les faits purs, éventuellement sous forme d'images. Ce serait du *langage* (*language*) mais pas de la *langue* (*language*)[64] avec ses contraintes et sa variété redoutables qui impliquent des efforts d'interprétation. Les faits bruts « parleraient » d'eux-mêmes. La métaphore d'un « fait parlant » s'opposerait paradoxalement à celle d'un fait muet, d'une réalité sans voix. Parce que « les faits parleraient d'eux-mêmes », la science serait enfin affranchie des impuretés multiples que véhiculent les mots, de leurs limites, et des incertitudes de l'assemblage des mots dans des énoncés plus ou moins (in)complets ou au contraire inutilement redondants.

Le rêve d'une langue universelle, univoque et compréhensible de tous, a de tout temps hanté les esprits scientifiques. Des nombreuses traces historiques, nous

---

[64] Ici se pose le problème crucial de la forme anglaise « language », forme unique qui annihile la distinction « langage/langue », conduisant à leur confusion et notamment à la formule paradoxale de « language free science ». Celle-ci est à interpréter comme « science sans langue », car une « science sans langage » remettrait en question l'ensemble du raisonnement précédent.

n'allons en retenir que quelques-unes. Après les tentatives de Thomas More dans *Utopia* (1516) et celles, plus discrètes, de Descartes, et de bien d'autres, ce sont les approches de Leibniz, de Frege et de Russell qui ont marqué la philosophie et la logique de ces derniers siècles.

Leibniz

Le philosophe allemand Gottfried Wilhelm Leibniz (1646-1716) a décrit dans son ouvrage *De Arte Combinatoria* (1666) les bases d'une langue universelle qu'il appelle *characteristica universalis*. Son but était d'éviter les ambiguïtés, les imperfections et les imprécisions de la langue « naturelle » à travers une notation conceptuelle (idéographie), formalisée, capable d'exprimer la science, les mathématiques et la métaphysique de manière univoque. Dans la présentation de sa démarche, il fait explicitement allusion à l'écriture chinoise, dont les *caractères* représentent des concepts, et aux hiéroglyphes égyptiens.

Par l'utilisation de ce langage universel, Leibniz espérait rendre le discours scientifique univoque et compréhensible pour tout le monde. Mais en plus, il comportait, de par sa structure, un aspect opératoire, un peu à la manière des mathématiques, qui devait permettre de « calculer » la solution d'un problème ou de résoudre une controverse. Leibniz rêvait de l'idée que deux personnes ayant des opinions différentes puissent s'asseoir à une table et calculer, ce qui devait à ses yeux résoudre tout problème.

Leibniz n'a pas décrit cette langue universelle précisément ; il n'en a même pas fait une ébauche concrète, et toute l'entreprise extrêmement originale d'une représentation formalisée du savoir scientifique en est restée à un stade de rêve. Ce n'est que deux siècles plus tard qu'un mathématicien et logicien allemand a repris l'idée, mais son entreprise a pris une forme plus restreinte, et se limite à la dimension logique du discours scientifique.

Frege

En reprenant la vision de Leibniz, Gottlob Frege (1848-1925) a développé un langage interprétant de manière non ambiguë la logique de son temps : celle héritée des Stoïciens et d'Aristote, précisée par les scholastiques du Moyen Âge et partiellement mathématisée par George Boole (1815-1864). Mais son ambition était plus grande : il voulait réaliser l'idéal universel de Leibniz. Frege a décrit son langage – *idéographique* – dans un petit ouvrage d'à peine huitante pages passé largement inaperçu, la *Begriffsschrift*, titre qu'on peut traduire par « écriture conceptuelle » ou « idéographie ». L'originalité de cette écriture réside dans le fait qu'elle n'est pas linéaire, mais se déroule sur deux dimensions. Elle propose ainsi une nouvelle approche du langage. Et bien qu'elle n'ait jamais été adoptée telle quelle par les scientifiques [65], cette démarche a contribué de manière essentielle au développement de la logique contemporaine et de sa formalisation. L'existence d'un langage universel, formalisé, même si sa portée était plus limitée que ne le souhaitait Frege dans sa tentative de donner vie au rêve de Leibniz, s'est avérée décisive dans la phase de développement et de diffusion du savoir logico-mathématique. Mais cet essai n'a pas abouti à un langage universel.

C'est dans l'univers des logiciens et mathématiciens que l'idée d'un langage formel univoque et opératoire a poursuivi son chemin. Une étape cruciale a été franchie avec la parution d'un ouvrage monumental en Angleterre entre 1910 et 1913.

Russell

La tentative la plus élaborée s'inscrivant dans le paradigme d'un langage universel est probablement celle des *Principia Mathematica*, œuvre commune du philosophe Alfred North Whitehead (1861-1947) et du mathématicien Bertrand Russell (1872-1970). Il s'agit d'une tentative de formaliser les mathématiques dans un système pur et capable de tout exprimer, du moins en ce qui concerne l'arithmétique et

---

[65] C'est la notation concurrente de Giuseppe Peano (1858-1932) qui a finalement pris le dessus.

l'analyse jusqu'à un certain point[66], mais en éliminant au maximum l'influence des mots de la langue naturelle.

Le résultat est un ouvrage hypertrophié, utilisant un symbolisme indigeste, mais qui a eu cependant par son ampleur et son audace un retentissement majeur dans le développement des fondements des mathématiques et de la logique, même si les critiques, de Gödel et Wittgenstein notamment, ont démontré ses manques et son incomplétude. Une fois de plus, ce n'est que la tentative et non pas la réalisation d'un langage universel qui a permis à la science de progresser.

Il existe d'autres exemples de systèmes de notation et de représentation qui tentent de se libérer de la contrainte de la langue. Ainsi toutes les méthodes de simulation, souvent par jeu avec les modèles, parfois avec des modèles matériels, tentent de s'affranchir des contraintes linguistiques en raisonnant sur des modèles en tant que représentations visuelles, sans mots. Comme le suggère cette section, il existe des limites fortes aux tentatives de représentation à partir de langage formel et de langage visuel pur (on ne peut se contenter de voir ; il faut bien parler de ce que l'on voit). Même dans la tentative la plus élaborée d'échapper à la tyrannie de la langue naturelle, la science, même très formalisée comme les mathématiques, ne peut complètement lui échapper. Faute de réussir réellement à éliminer la langue (et les langues dans leur diversité), il semble légitime d'essayer de développer une *lingua franca*, neutre (ou supposée telle) et partagée (mais jamais complètement partagée comme une langue maternelle par ses locuteurs natifs).

Forces et faiblesses des tentatives de la science sans mots

Nous présentons ci-dessous deux exemples de progrès scientifiques, l'un réalisé entre la fin du XVIe siècle et le milieu du XVIIe siècle, grâce au Latin langue de communication scientifique, l'autre réalisé pour l'essentiel au

---

[66] Un quatrième volume devait compléter ces résultats et aborder la géométrie. Il n'a jamais vu le jour.

XIXe siècle dans un contexte européen plurilingue dans lequel le latin ne joue pratiquement plus aucun rôle.

Le premier exemple, celui de la compréhension du système solaire (géocentrique *versus* héliocentrique, avec des orbites circulaires *versus* elliptiques) s'est déroulé en latin, *lingua franca* des publications majeures, même si les observations empiriques, les expériences de pensée et les discussions et débats entre scientifiques, autrement dit une partie fondamentale du processus individuel et collectif de recherche, se déroulait en langue native au sein de contextes linguistiques qui disposaient de plusieurs universités connues dans toute l'Europe et partageant une langue naturelle (par exemple : Allemagne, France, Grande-Bretagne, Italie). Ce premier exemple suggère que la *lingua franca* permet de faire circuler les idées et de raffiner les théories. Mais elle n'est pas forcément au cœur de leur élaboration par le découvreur.

Le deuxième exemple, celui du développement de l'axiomatique, par des mathématiciens du XIXe siècle, suggère que la *lingua franca* n'est pas une condition nécessaire d'avancées théoriques, même parmi des scientifiques qui ne partagent pas la même langue maternelle et élaborent et publient leurs travaux dans cette langue. Le fait que la *lingua franca* ne sert qu'une partie, certes essentielle, mais limitée du travail scientifique est d'autant plus évident que l'on considère la science dans son acception courante. Selon Lévy-Leblond (1984 : 301) : « [...] la science ne se réduit pas à la recherche. Une très large activité d'enseignement, de diffusion, de valorisation et de discussion publique des connaissances scientifiques peut seule fournir la base nécessaire à la pyramide que couronnent les recherches de pointe ».

Le latin lingua franca dans la recherche sur le système solaire

Toutes les œuvres majeures sur le système solaire ont été écrites en latin, de Nicolas Copernic (1473-1543) et Tycho Brahé (1546-1601) à Johannes Kepler (1571-1630, essentiellement en latin). Galilée (1564-1642) dont les œuvres sont écrites en italien mais traduites en latin et publiées à Paris et Strasbourg fait exception mais confirme la règle du passage en latin pour transmettre sur le plan européen. De la publication de l'ouvrage de Copernic en 1530 jusqu'aux écrits de Galilée, tout se passe à travers l'Europe en latin.

Deux voies ont été explorées pour comprendre le mécanisme du système solaire. La simple observation directe, qui a débouché sur l'attitude expérimentaliste qui consiste à collecter les traces des observations, et l'introspection, qui pousse à rechercher une explication exclusivement à l'intérieur de son propre système de pensée. Des tablettes d'argile, trouvées en Mésopotamie et datant de plus de deux millénaires avant notre ère, attestent d'une première forme de mémorisation de l'observation systématique des phénomènes célestes. Toute la science était contenue dans ces traces gravées qui permettaient – par interpolation et extrapolation – de calculer des calendriers ou prévoir des événements réguliers. Parallèlement à cette collecte de données empiriques, une autre approche est apparue. Les philosophes grecs, à commencer par Thalès, ont cherché, de leur côté, une explication du système solaire – et du monde – dans des abstractions très générales, qui n'avaient pas pour origine l'observation empirique. Ils visaient des principes fondamentaux, à partir desquels une explication pour un phénomène spécifique pouvait être tirée par le raisonnement. Pour Thalès, par exemple, à l'origine de toute chose, il y avait l'eau ; pour Anaximandre, c'était l'infini, un principe complexe et intriguant. Les premiers modèles « scientifiques » du mouvement des planètes, d'inspiration géométrique, furent les œuvres d'Eudoxe et de Ptolémée, tous deux de brillants mathématiciens.

La connaissance du système solaire a réellement pris son envol au tournant du XVIIe siècle, par la combinaison de ces deux approches. La richesse et la précision des observations ont sous-tendu le développement de théories qui permettaient d'expliquer et d'extrapoler tout en constituant par la suite une fabuleuse mémoire qui intégrait toutes les traces empiriques. L'évocation de quelques grands noms va nous servir à décrire l'essentiel de la situation.

Galilée, dont les préoccupations étaient pourtant avant tout terrestres, a contribué à la connaissance de la dynamique des astres, en mettant en doute deux principes, largement acceptés avant lui, qui concernaient le mouvement. Il s'agit d'abord de l'idée d'un « impetus » que posséderait un corps en mouvement et qui se perdrait peu à peu. Le deuxième principe, couramment admis, stipulait que les corps lourds tombaient plus vite que les corps légers. Galilée remplace ces principes par deux lois qui ont une importance fondamentale pour la suite : la loi de l'inertie[67] et la loi de la chute libre, qui allait marquer l'entrée du temps comme variable explicite dans la physique. Ce qui est radicalement nouveau dans la démarche de Galilée, c'est la place que prennent les mathématiques dans l'expérimentation comme critère de découverte, plus souvent que de vérification, de ses théories[68]. Celles-ci se construisent sur la base de ses observations expérimentales et les résument. Cette construction se fait par des mécanismes d'induction en se fondant largement sur les possibilités du langage mathématique utilisé pour la représentation des concepts impliqués, réduisant ici tant le rôle des langues vernaculaires que celui de la *lingua franca* latine. C'est principalement la notion de fonction qui permet de mémoriser les points correspondant aux observations par un objet synthétique unique. Une fonction codifie un comportement – l'orbite d'une planète par exemple – par son expression mathématique, qui formalise ainsi la loi sous-jacente. Une formule devient un savoir condensé, *sans mots*, le lieu de la mémoire de tout un ensemble de connaissances empiriques accumulées.

---

[67] Ce principe est utilisé implicitement dans les œuvres de 1632 (*Dialogo sopra i due massimi sistemi del mondo*) et de 1638 (*Discorsi e dimostrazioni matematiche intorno a due nuove scienze attenenti alla mecanica e i movimenti locali*), mais n'a pas été formulé explicitement par Galilée. C'est à Descartes (*Principe de la philosophie*, 1644) que nous devons la première formulation claire de ce principe.

[68] Les historiens de la science se posent actuellement la question de savoir si Galilée était plutôt un mathématicien platonicien, un expérimentaliste à la suite d'Aristote, un précurseur du positivisme scientifique ou un successeur d'Archimède. Quoi qu'il en soit, Galilée a certainement été l'un des initiateurs de la physique mathématique.

Dans la pensée astronomique de Galilée, l'un des points importants est dû à l'un de ses précurseurs, l'astronome polonais Copernic, qui affirma le caractère héliocentrique du système solaire dans son ouvrage *De Revolutionibus Orbium Coelestium* (1543). Cette idée avait déjà surgi dans l'Antiquité, mais avait été occultée par le modèle du monde de Ptolémée. Copernic replaça le Soleil au centre du système, déclara que les planètes se déplaçaient sur des orbites circulaires dans des plans légèrement différents les uns par rapport aux autres. Cette description qualitative, incomplète et partiellement fautive, avait cependant le mérite de replacer la discussion cosmologique dans des voies correctes. Aux spéculations de Copernic allait répondre la méticulosité empirique de Tycho Brahé, qui est à l'origine d'une collecte essentielle de données précises sur la position des astres.

Brahé, astronome danois, croyait à l'observation de la réalité plutôt qu'aux spéculations abstraites pour établir la connaissance de la nature. Sur l'île danoise de Hven, il consacra une vingtaine d'années à observer minutieusement les planètes et les étoiles avec des instruments qu'il s'était construit lui-même. La science astronomique de Brahé se présentait comme une impressionnante collection de mesures, accumulées au cours du temps. Celle-ci constituait à la fois sa mémoire et son identité. Sous cette forme, l'astronomie permettait d'expliquer et de prévoir des phénomènes célestes par des manipulations laborieuses de quantités de données. De par son support matériel, elle était fragile et sa diffusion restait très limitée. Nous allons voir comment la théorisation, et plus tard la mathématisation, ont permis de transformer et de résumer ce savoir en une mémoire à long terme, pour emprunter un concept de biologie. Après des controverses avec le roi du Danemark, Tycho Brahé s'installe à Prague où il a pour collègue le jeune Kepler. Ce dernier profite de la richesse et de la précision des observations de Brahé pour en extraire les formes mathématiques capables de les résumer. Il adopte le modèle héliocentrique de Copernic et s'apprête à décrire les données relatives à l'orbite de Mars par une trajectoire circulaire lorsqu'il constate une déviation des positions mesurées par Brahé par rapport à cette trajectoire de plus de huit minutes d'arc, dépassant de loin la marge d'erreur des mesures utilisées. Il fut obligé, après ce constat, de modifier les trajectoires de son modèle en introduisant une certaine excentricité, passant ainsi des orbites circulaires à des orbites elliptiques, dont l'un des foyers était occupé par le Soleil. À l'aide de ces nouveaux objets mathématiques, il réussit à résumer l'entier des mesures empiriques dont il disposait. Mieux, il pouvait *calculer* les positions des planètes pour n'importe quel moment de l'année, complétant par-là les observations de Tycho Brahé. Il avait consolidé l'information contenue dans la mémoire.

Les observations méticuleuses des positions des planètes effectuées par Brahé, transformées par catégorisation en orbites, ont ensuite permis de leur associer une forme théorique – en l'occurrence l'ellipse – exprimable en termes mathématiques. L'équation de l'ellipse représentant l'orbite, non seulement résume les mesures effectuées, mais offre un modèle calculatoire qui peut servir à l'extrapolation et la prédiction. La comparaison des ellipses correspondant à chaque planète et des plans dans lesquels elles évoluent, procure un modèle mathématique plus complet du système solaire.

Exemple de l'approche axiomatique des mathématiciens : la lingua franca n'est pas nécessaire au progrès des idées scientifiques

Rien ne sert de rendre compact le savoir – pour le stocker en mémoire – si nous n'avons pas les moyens d'y avoir accès par la suite. Ce mécanisme de récupération est donné dans le contexte de l'axiomatique par un système déductif, c'est-à-dire une *logique*. Pendant longtemps, ce système était constitué des éléments de la logique grecque, essentiellement la logique d'Aristote et des fragments de la logique des connecteurs développée par les Stoïciens. Bien plus tard, avec la formalisation de la logique au cours des XIXe et XXe siècles, grâce aux travaux de Boole, Frege, Peano, Russell et de bien d'autres, une version plus mathématisée de la logique s'est imposée (Van Heijenoort 1967). Ce moteur déductif ne permet pas seulement de retrouver les théorèmes connus et mémorisés, mais donne la possibilité d'en trouver de nouveaux, tout en fournissant une version codifiée de la notion de *preuve*. Le système axiomatique constitue donc une mémoire très condensée et opérationnelle pour un ensemble de connaissances, à condition que celles-ci puissent être exprimées en un langage univoque et si possible formalisé.

La logique grecque était-elle apprise par ces savants en grec ancien, dans une traduction en latin, ou bien dans une traduction dans leur langue maternelle (allemand, français, anglais, italien) ? Il est probable qu'ils aient appris et réfléchi sur les thèses des grands mathématiciens et logiciens grecs (Euclide, Thalès, Anaximandre, Eudoxe, Ptolémée,...) dans des traductions des écrits grecs d'origine en latin ou dans leur langue première. Néanmoins, il faut remarquer que le déclin du latin en tant que langue scientifique commence dès la Renaissance (Cibois 2012) et s'achève au milieu voire à la fin du XIXe siècle. Carl-Friedrich Gauss commence à publier en allemand et non plus en latin vers 1830, et Georg Cantor soutient l'une des dernières thèses importantes en latin en 1867, sur la théorie des nombres, *De aequationibus secundi gradus indeterminatis*. Cette thèse remarquable contient bien peu de mots ; vérification faite, elle fait seulement vingt-cinq pages, il y a certes du texte mais utilisant un nombre réduit de mots, répétitifs en outre, car les formules constituent l'essentiel. Il suffit d'être très intelligent, ce qu'était Georg Cantor, et de se faire relire, il n'est pas besoin d'être un latiniste émérite, à vingt-deux ans qui plus est. Cantor était sûrement plurilingue car né à St Petersbourg de père danois et de mère autrichienne.

Il reste que George Boole (anglais), Gottlob Frege (allemand), Giuseppe Peano (italien) ou Bertrand Russell (anglais) sont typiques de savants qui vivent leur recherche dans leur langue maternelle et la publient également dans cette langue. Dans la mesure où leur langue maternelle est en même temps une importante langue européenne et parce qu'ils ont des collègues de bon niveau dans leur contexte linguistique, il leur est possible de progresser au départ dans celui-ci. Mais ils dépassent rapidement leur contexte national : Russell, par exemple, avait rencontré Peano et correspondait avec Frege.

Si la science ne se réduit pas à la recherche, celle-ci ne se réduit pas non plus à la publication. Dans l'activité de recherche il y a, en dehors des aspects spécifiques et techniques, des composantes essentielles de créativité, de confrontation et d'échanges sociaux, fortement dépendantes des langues parlées par le scientifique. De fait, George Boole (1815-1864) – pratiquement autodidacte en latin, français, allemand et italien, mais capable de lire ces langues – publie ses ouvrages en anglais. Gottlob Frege (1848-1925) publie ses ouvrages en allemand, mais est préoccupé de fonder une langue conceptuelle qui s'affranchirait de la contrainte sonore pour aller directement à l'idée et aux concepts (la « *Begriffsschrift* »). De même, Giuseppe Peano (1858-1932) publie tout en italien et Bertrand Russell (1872-1970) tout en anglais. Accessoirement, certains sont mathématiciens mais aussi linguistes, comme Giuseppe Peano, qui est le promoteur d'une langue véhiculaire, le *Latino sine Flexione*, un latin très dépouillé, sans déclinaisons ni conjugaisons, dont la syntaxe est simple. Certains sont très proches des philosophes du langage, comme Bertrand Russell, qui fait la connaissance, en 1911, de Ludwig Wittgenstein qui aura une profonde influence sur sa pensée philosophique.

On a pu montrer que le système original des Éléments d'Euclide n'était pas complet. Ce n'est qu'au début du XXe siècle que Hilbert a proposé un système revu et corrigé d'axiomes pour la géométrie. La question est importante dans la perspective adoptée ici, qui consiste à mettre en avant l'analogie théorie/mémoire. Gödel a montré en 1931 dans son célèbre théorème de l'incomplétude que toute théorie possédant un certain nombre de propriétés formelles ne peut pas être complète. C'est-à-dire qu'elle ne permet pas de retrouver, par déduction, tous les éléments du domaine dont elle constitue la mémoire. Cependant, cette restriction ne s'applique qu'aux systèmes possédant un certain développement mathématique.

Parmi les axiomes choisis pour fonder un système axiomatique, il se peut que certains soient inutiles dans le sens où ils seraient déjà des conséquences d'autres axiomes. C'est la question de l'indépendance des axiomes qui a secoué le monde mathématique du XIXe siècle. Il se trouve que le cinquième postulat d'Euclide semble posséder un statut ambigu. Ce postulat stipule que par un point extérieur à une droite, on peut faire passer une et une seule droite parallèle à la première. Or Euclide lui-même pensait que ce postulat différait des autres par sa nature. Comme il ne lui paraissait pas suffisamment « évident » et n'osant pas le déclarer comme une simple hypothèse, Euclide a vainement essayé de le considérer comme théorème et de le démontrer à partir des autres axiomes. La question est réapparue en force dans le discours mathématique lorsque Gauss, Lobatchevski, Bolyai et Riemann ont tenté de clarifier le statut de ce postulat au XIXe siècle. Carl Friedrich Gauss (1777-1857) est apparemment le dernier de ces savants à publier encore en latin, au moins de 1799 au milieu des années 1830, ensuite tout en allemand. Janos Bolyai (1802-1860) a probablement publié les vingt-quatre pages de son annexe en allemand, tout comme David Hilbert et Bernhard Riemann ont publié en allemand. Kurt Gödel a également publié ses travaux fondamentaux en allemand, puis en anglais à partir de son départ aux États-Unis.

Après d'infructueuses tentatives de démontrer à son tour le cinquième postulat à partir des autres, Lobatchevski remplaça ce postulat par le suivant : par un point extérieur à une droite, on peut faire passer une infinité de droites parallèles à la première. Il réussit à trouver une interprétation de son nouveau système dans un modèle géométrique existant, montrant par-là la cohérence – relative – de sa nouvelle géométrie non euclidienne. Le postulat des parallèles s'était donc révélé indépendant des autres postulats. Il était établi qu'il mémorise bien une propriété qui n'est pas contenue dans les autres axiomes. Lobatchevski (1792-1856) publie en russe, sa langue maternelle, mais aussi en français et en allemand.

La plupart des subtilités de la démarche scientifique – en dehors de la simple et nécessaire transmission de « faits » explicites – peut donc être occultée, du moins obscurcie, en passant par la porte étroite d'une « *lingua franca* ». Pour conclure cette partie et la précédente, et pour ouvrir sur la partie suivante, il faut souligner l'illusion d'une science monolingue où une langue, purement formelle, instrumentale et supposément neutre, couvrirait l'ensemble du processus de recherche, et serait donc officiellement langue unique de la science.

La science avec les mots : dépasser les angoisses sémantiques et le « Syndrome du précipice »

La science est à la fois tirée, poussée (mise en mouvement) et simultanément retenue (contrainte, contenue et, parfois, ralentie) par la langue. Ce paradoxe n'est pas qu'une affaire technique. Une *lingua franca* n'est suffisante ni pour la construction, ni pour la circulation, ni pour la transmission des savoirs. Ni ne le serait une notation suffisamment formalisée pour se passer de mots. Comme dans le conte d'Andersen, le Roi Nu, soudain, se rhabille, il réalise l'importance des habits linguistiques dans la confrontation et la transmission des idées. Comme en poésie, où les contraintes des rimes et de la versification semblent restreindre le champ de l'expression, c'est en grande partie le contraire qui se produit : des langues multiples contraignent mais aussi potentialisent la création scientifique. Le processus de confrontation plurilingue est en partie anxiogène, portant en soi une impression potentielle de vide symbolique. Mais, toujours dans l'ordre de ce paradoxe de l'angoisse créatrice, il est également porteur de progrès du savoir.

Le plurilinguisme au fondement de la créativité scientifique

La science même formalisée est toujours pensée en partie dans la langue maternelle, non seulement dans la partie empirique, mais aussi dans la réflexion conceptuelle. Aucun des scientifiques cités ci-dessus n'échappe au plurilinguisme, même partiel. Un des meilleurs exemples est Lobatchevski qui pratique et écrit l'allemand et le français à côté de sa langue maternelle, le russe. Quant à Janòs Bolyai, il parle neuf langues. D'autres sont des linguistes éminents, comme Giuseppe Peano et Gottlob Frege.

La pratique d'une langue unique crée des automatismes sémantiques probablement utiles aux activités courantes. Le sens commun envahit la signification des termes utilisés. Les métaphores s'usent progressivement et sont finalement intégrées dans le vocabulaire courant où elles disparaissent.

Tout cela ne pose pas de problème, sauf pour le discours scientifique. Ici, la découverte d'idées nouvelles passe parfois par une « sortie du langage ». Cette sortie peut être provoquée par une prise de distance volontaire. Elle est généralement favorisée par le plurilinguisme, qui précisément pousse à ce recul par renforcement de la fonction réflexive ou métalinguistique.

Sortir des contraintes d'une langue unique est clairement source de créativité. Si dans les périodes « normales » de la science, selon la formulation de Kuhn, il est avantageux et pratique d'avoir une langue unique et partagée de circulation des résultats, il est tout aussi évident que dans les périodes « révolutionnaires », où le paradigme dominant est remis en question, le plurilinguisme devient un avantage certain. Il permet de découvrir de nouvelles dimensions grâce au phénomène de distanciation que celui-ci peut procurer dans la pratique d'une science. C'est ce recul qui peut rendre visible de nouvelles relations, de nouvelles analogies.

Plus précisément, dans le célèbre modèle de T.S. Kuhn, l'évolution d'une science se décompose en deux phases complémentaires : les périodes de science normale et les stades révolutionnaires de changements de paradigmes. La science normale est caractérisée par une activité de récolte de données et de production de résultats dans un cadre théorique agréé par la communauté. Elle se doit d'être rigoureuse, méticuleuse, mais reste un peu laborieuse. C'est la science des revues spécialisées, aujourd'hui en anglais pour l'essentiel[69].

Dans ce contexte, une langue unique peut se révéler très utile pour transmettre des résultats précis – numériques ou expérimentaux – rapidement et avec l'assurance d'une diffusion et compréhension relativement larges. Mais cela est vrai surtout pour les sciences véritablement dures ou

---

[69] Les données dans Cibois (2012) montrent que les publications scientifiques étaient vers 1900 à trente-cinq pourcent en anglais et à environ vingt-cinq pourcent en français, mais qu'en 1980 les publications scientifiques en français ne comptaient plus que pour moins de cinq pourcent alors qu'elles étaient à plus de septante pourcent en anglais. Il faut remonter à une cinquantaine d'années pour trouver des exemples où, comme le mathématicien américain Abe Sklar, un scientifique anglophone a dû publier son théorème en français (Sklar 1959).

expérimentales. Ou dans les cas de contexte théorique et empirique bien défini et communément accepté. Encore faut-il que les résultats transmis soient suffisamment simples. Au contraire, la phase « agitée », controversée, où les idées se bousculent et s'affrontent, nécessite toutes les subtilités linguistiques : métaphores, analogies, associations et autres particularités, en dehors des solides compétences techniques indispensables. Dans cet épisode, un chercheur obligé de s'exprimer dans une langue unique, qui ne serait pas la sienne véritable, est largement handicapé.

Pour parler en termes plus « évolutionnistes », le plurilinguisme, dans l'optique que nous suggérons ici – qui permet et même exige un recul et une distanciation sémantique – est un argument fort pour assurer l'*adaptativité* d'un savoir scientifique. La diversité des langues, comme autant de perspectives, ajoute des « senseurs », capables de détecter la présence de nouvelles idées diffuses, de nouvelles orientations, de provoquer des confrontations de croyances, et ainsi, de favoriser très clairement l'avancée de la science. Les révolutions sont polyglottes.

L'angoisse du vide symbolique, ferment du progrès de la connaissance

Parmi les situations classiques de l'univers comique des bandes dessinées et des dessins animés, l'image à la fois terrifiante et irrésistible du précipice est l'une des plus typiques : un personnage s'enfuit à toutes jambes, se dirige vers un précipice qu'il ne voit pas et continue à courir bien qu'il se trouve déjà au-dessus du vide, sans contact avec la terre ferme. Il ne tombe pas. Il ne tombera qu'au moment précis où il s'aperçoit qu'il est suspendu en l'air, au moment où il est conscient du précipice sous ses pieds ! Alors la peur qui s'empare de lui rend la chute encore plus spectaculaire, tout en amusant beaucoup le lecteur ou le spectateur qui avait anticipé la catastrophe retardée, grâce au recul que lui confère son statut d'observateur.

Dans l'exemple du zéro et de la numération positionnelle, cité plus haut dans ce texte, nous avons utilisé cette métaphore (ou allégorie) pour tenter d'identifier ce mécanisme, que nous nommons « syndrome du précipice » où une certaine forme de vertige est provoquée par la nouveauté et ses promesses d'une part, mais aussi, de l'autre, par la peur de l'inconnu et de la transgression. Le syndrome du précipice constitue l'un des schémas de la manifestation de la peur dans le monde des symboles et des représentations abstraites.

De quelle nature peut être cette peur ? Les illustrations qui précèdent et qui sont tirées de l'histoire des mathématiques suggèrent au moins trois réponses possibles. La manipulation d'un objet symbolique sans référence peut créer un vertige devant la possible contamination par le vide. Car si l'un des symboles n'a pas de référence, on peut craindre qu'une combinaison dans laquelle il entre perde son interprétation sémantique. Si dans un discours sur une figure géométrique, disons le cercle, on se focalise sur le « cercle carré » [70], la suite des considérations risque de n'avoir plus de lien évident avec la réalité géométrique.

En plus de la perte de sens, on peut craindre aussi une disparition de la cohérence par l'introduction d'objets symboliques non interprétés. En effet, des objets portant en eux une certaine contradiction, comme ceux que nous avons rencontrés, pourraient apparemment affecter la cohérence logique du discours dans lequel ils interviennent. Si l'expression nous paraît contradictoire en elle-même, comment ne pas craindre que les opérations arithmétiques dans lesquelles elle intervient, ne mènent à des aberrations ?

Une troisième forme de la peur est beaucoup plus irrationnelle. Elle concerne l'aspect d'opération magique que constitue toute manipulation de symboles vides de sens et incohérents, mais qui néanmoins parvient, parfois à travers la solution de problèmes particulièrement difficiles, à ouvrir des champs entièrement nouveaux. La perspective d'un changement de paradigme imposé par des concepts aussi incompréhensibles ne peut qu'attiser une inquiétude diffuse à propos d'opérations abstraites pouvant intégrer si facilement et avec succès des fictions invraisemblables. Le

---

[70] En référence à la théorie des objets impossibles d'Alexius Meinong.

syndrome du précipice peut donc finalement être caractérisé par le schéma suivant qui en décrit les étapes essentielles[71] :

- Une première phase dans laquelle apparaît la *motivation* pour l'introduction d'un symbole nouveau.
- Elle est suivie d'une phase d'*euphorie* où les premiers succès opératoires semblent justifier pleinement l'utilisation de ce nouveau symbole.
- Une phase ensuite de *dissonance*, durant laquelle apparaît son ambiguïté ontologique, provoquant une peur du vide sémantique, et en même temps un vertige devant les possibilités nouvelles, offertes au prix d'une conversion qui peut sembler douloureuse.
- Dernière phase enfin, la *résolution*, qui montre que cette conversion, bien que représentant un bouleversement conceptuel, peut être rationnellement justifiée par une théorie qui englobe plus largement le domaine et apporte plus d'explications.

Paradoxalement, une certaine appréhension, pouvant aller jusqu'à l'angoisse parfois, induite par des objets mathématiques insolites, peut contribuer grandement au développement d'une théorie meilleure par l'attention qu'elle attire sur un problème précis. Il faut pour cela que le vertige, provoqué par une dissonance sémantique, puisse être surmonté. La peur peut ainsi favoriser notre compréhension du monde. La peur du vide symbolique, celle qui nous fait craindre l'incohérence, se révèle, à travers ce schéma, être un important stimulant pour la recherche d'explications nouvelles, qui pourraient contribuer à rendre notre monde plus compréhensible. Cette peur nous touche cependant de manière beaucoup plus essentielle, bien au-delà des préoccupations purement intellectuelles que semblent constituer nos jeux et manipulations de signes. Et c'est probablement dans la peur des mathématiques d'une partie des enfants que se révèle le plus clairement la

---

[71] Il faut rapprocher ce schéma des diverses tentatives épistémologiques de traiter les notions de « changement » et de « révolution » scientifiques. Nous renvoyons aux travaux de Kuhn (1970), Lakatos (1984) bien sûr, mais aussi à ceux, moins connus, de Sneed (1979), de Stegmüller (1976) et de Dilworth (1986).

véritable dimension d'une angoisse sourde, provoquée par nos insolentes tentatives d'apprentis sorciers dans le monde des symboles.

Science et connaissance

UNE PENSÉE *DANS* LE CORPS

> *Les sciences de l'Homme, lorsqu'elles singent les sciences dures et s'efforcent de réduire l'humain à un objet explicable et programmable, ne sont plus elles-mêmes que des résidus de la dogmatique occidentale, des traces pitoyables d'une pensée scientifique en voie de décomposition, qui s'emploie à faire disparaître les questions qu'elle devrait éclairer.*
>
> (Supiot, *Homo juridicus*)

La représentation commune de la science et ses points de butée

Évoquant la *science*, viennent immédiatement à l'esprit, suivant son acception courante, et l'idée de *vérité*, et ses caractéristiques associées de *répétabilité*, d'*objectivité*, de *falsifiabilité-réfutabilité*, de *déductibilité* et d'*unicité*.

Communément, la vérité semble impliquer qu'une loi de la nature est *ou* vraie *ou* fausse, sans moyen terme *entre* ces deux propositions. Avant d'examiner le problème de ce « moyen terme », dont l'inexistence, si elle était avérée, nous précipiterait dans un monde dualiste *ou*... *ou*, l'épistémologie contemporaine nous rend attentifs aux difficultés que posent l'idée de « théorie fausse ».

Une théorie est trop générale pour être directement remise en cause par une observation empirique, laquelle doit être de plus énoncée pour être partagée. Ce qui nous conduit à comparer « trois pôles : faits-événements, faits-énoncés (énoncés d'observation), et énoncés théoriques » (Soler 2009 : 98)[72], seul le premier étant empirique, les deux autres étant médiatisés, assumés, par le langage, linguistiques donc. Nous retrouvons les difficultés abyssales ressortissant au passage entre la langue et le réel.

De plus, la complexité, toujours croissante, des théories scientifiques permet d'en tirer une pluralité plus vaste d'énoncés théoriques. La non-correspondance entre le fait-événement, dit « en langue » soit le fait-énoncé – ce qui pose déjà de sévères difficultés de « traduction » –, et tel énoncé théorique ne réfute donc pas immédiatement la théorie mais seulement ce type d'énoncé théorique. Au reste, il n'existe pas de démarche purement logique qui permette de passer de manière nécessaire du fait-événement, extralinguistique, au fait-énoncé, linguistique. Le passage du fait-énoncé au fait théorique pose, lui, le redoutable problème de l'induction, au moins dans la phase de découverte de la loi scientifique (chapitre *Placebo*, partie *les anticipations du vivant*, sur les haricots blancs).

Le problème du « moyen terme », soit l'existence d'une position médiane entre le *vrai* et le *faux*, vient augmenter ces approximations et confirmer notre finitude humaine. La logique dite du « tiers exclu », sous-entendue dans les conversations courantes et parfois académiques gravitant autour de la science ou de la vérité, affirme qu'une telle position médiane n'existe pas. Position aussi pleine de rigueur que d'idéalisme, que l'empirie ne nous offre que très rarement, voire jamais.

---

72 Conception complexe, habitée par la conjecture, qui informe aussi la notion de preuve chez Pestre (2013 : 41) : « la preuve proposée aux autres se présente souvent comme l'adéquation d'un faire, d'un dire expérimental et d'un développement théorique ».

En effet, les conditions d'une telle affirmation binaire *soit... soit* ou « De *a* se démontre *b ;* or non-*b* est vérifié (ou démontré) ; donc non-*a* est démontré » (Granger 1993 : 67) sont très restrictives :

> La validité de cette démarche dépend étroitement du principe dit du tiers exclu : une proposition est ou vraie, ou fausse ; si elle n'est pas vraie, elle est fausse et si elle n'est pas fausse elle est vraie. Dans tout domaine où les propositions ont un sens bien déterminé, ce principe paraît comme difficilement récusable lorsque l'on considère les objets d'un ensemble *fini*, que l'on peut donc, en principe, explorer exhaustivement, et constater la présence ou l'absence de la propriété qu'annonce la proposition. Si cet ensemble n'est pas fini, la situation est différente. (Granger 1993 : 68)

Ces deux conditions ne sont guère fréquentes dans les phénomènes naturels et inexistantes dans les relations sociales, ce qui renforce d'autant le champ de pertinence de l'abduction.

Dans tous les autres cas, les notions de science et de vérité, et leurs caractéristiques associées, se trouvent plus ou moins *relativisées* par des points de butée (voir Chapitre I), moments dans lesquels la cognition humaine bute, ne parvient pas à y voir clair, « état de tension » (expression frisant l'oxymore) se déployant dans la zone grise *entre* objectivité ou radicale empirie et arbitraire ou pur constructivisme, *entre* prouvé et non prouvé, ni l'un ni l'autre donc, un peu des deux à la fois pour qui considère ces pôles comme des attracteurs exerçant leur force simultanément sur un même objet.

Ce « ni l'un ni l'autre » induit par le dépassement de la logique du tiers exclu ouvre à une connaissance humble, de l'ordre d'un simple *beyond reasonable doubt* (*infra*). On peine à trouver des critères plus rigoureux pendant que la complexité des phénomènes, due notamment à la multiplicité des variables, croît sans cesse. Nous ne disposons pas de meilleur critère que cette conviction de haut degré (au-delà de tout doute raisonnable), pour l'heure mais probablement pas non plus à l'avenir. Sauf à penser que nous approchons de la fin de la science, de son parfait accomplissement dans La Vérité. Vers la fin du XIXe siècle,

Lord Kelvin annonçait, avec lui évidemment, la fin de la physique… et un certain A. Einstein la réécrirait dès 1905 !

Les différents points de butée que nous allons analyser nous conduiront à une *vérité-tension* plutôt qu'une vérité-constatation ou ontologique. Dans ce dernier cas, nous aurions enfin atteint la « chose en soi », sans reliquat ni perte, connaissance parfaite fort éloignée des bipèdes que nous sommes, ne percevant ni ultrasons ni ultraviolets, sans parler d'un univers à plus de quatre dimensions, que nous sommes capables de calculer mais pas de nous représenter.

Les expériences sont-elles toujours répétables ?

Première caractéristique de la science, et premier point de butée : la *répétabilité* des expériences « prouvant » la théorie ; à la vérité, elles n'en livrent que des indices pertinents. La répétition d'une expérience matériellement irréalisable peut demeurer longtemps impossible, faute de compétences ou d'instruments adéquats notamment. On ne sait parfois pas exactement ce que l'expérience a prouvé et, de là, si elle a été véritablement reproduite par d'autres scientifiques, comme dans le cas de Hertz[73]. Que penser de la propriété de la répétabilité lorsqu'aucun autre laboratoire au monde n'est capable de reproduire l'expérience cruciale, à l'instar de la confirmation pratique de l'existence du boson de Higgs dont au monde seul le CERN est capable d'en produire des traces ?

Personne, de surcroît, n'a vu comme tel le boson puisqu'il ne nous apparaît que par les traces laissées dans une chambre de détection. En d'autres termes, nous avons accès à cette particule que par des *indices* dont la signification requiert toujours une interprétation (voir chapitre *Placebo*, partie *l'effet placebo*), soit une part de subjectivité, au rebours de la simple description objective du réel dont une certaine vision de la science voudrait se contenter.

---

[73] Exemple longuement traité par Pestre (2013 : 29 *sqq.*), à propos de la « démonstration », ou non, de l'identité de l'électricité et de la lumière de Hertz. Reprenant l'expérience de Hertz et son dispositif expérimental, l'améliorant, la transformant, les successeurs britanniques, genevois, français, prouvent-ils la même chose ?

Le phénomène devient déjà moins objectif puisque son sens dépend de ses interprètes, quand bien même ne peuvent-ils lui « faire dire » (littéralement « *to make sense* ») n'importe quoi ; tous n'infèrent pas forcément la même réalité des mêmes expériences menées. En physique quantique par exemple, la vérité d'une loi – plus exactement d'une proposition que l'on en tire – est possiblement établie par une seule observation, appelée *golden event*, pour la communauté des physiciens travaillant avec des détecteurs dits « visuels » livrant des photographies (telles les chambres à bulles), alors que l'autre communauté, opérant avec des détecteurs « électroniques » (des compteurs à scintillation par exemple), n'y prêtera pas foi, le nombre d'occurrences étant évidemment trop faible. Ces communautés semblent imperméables l'une à l'autre, conduisant à « des conceptions différentes de ce qu'est une bonne preuve expérimentale » (Soler 2009 : 279).[74]

Chacune de ces positions est cohérente en elle-même, nous ouvrant à une vérité *plurielle* et non plus *une*, universelle et éternelle, ces trois caractéristiques ayant été mobilisées initialement pour définir non la Raison mais Dieu ! L'opposition entre croyance et rationalité pourrait bien être plus superficielle qu'on ne le pense ordinairement, rapprochement que dit le critère *beyond reasonable doubt* (*infra*) et que pratique l'intersubjectivité, désormais au cœur de la démarche scientifique.

Objectivité de la science ou intersubjectivité des savoirs scientifiques ?

Pour que la subjectivité de l'interprète ne s'abîme point dans l'arbitraire, un contrôle par les pairs fut instauré, via la publication dans les revues scientifiques notamment, démarche parallèle à l'examen des faits juridiques par un tribunal, selon une analogie maintes fois rappelées, par les scientifiques eux-mêmes, de Poincaré, Popper ou Bricmont à Serres[75]. De là, le deuxième point de butée : l'intersubjectivité.

---

[74] Soler (2009 : 279) présente cet exemple avec de suggestives nuances.

[75] L'histoire des sciences modernes relève fort à propos que les expériences cruciales se déroulaient, en Angleterre notamment, en présence d'un notaire ou autre homme de loi et par devant témoins, choisis dans l'aristocratie,

La vérité n'existe plus en soi mais se situe *entre* les sujets à propos de tel objet. Une théorie, ou plutôt l'un de ses énoncés ou modèles, est soumise aux pairs, des sujets travaillant dans le même domaine de recherche que l'auteur. S'ils l'acceptent, phase d'acception aucunement formalisée donc peu déterminée, la théorie sera admise et reçue pour vraie jusqu'à preuve du contraire, réserve extrêmement lourde grevant la notion même de vérité. On s'assure d'ailleurs plus aisément de la fausseté d'une théorie que de sa vérité (*infra*, falsifiabilité-réfutabilité), bien que la première puisse ne pas être à portée de mains pendant des lustres, comme dans le cas du phlogistique ou du neutrino, et que la seconde ne puisse jamais s'assurer que l'avenir ne viendra pas la disqualifier. L'histoire des sciences comme de l'épistémologie suffirait à le montrer... ; mais elle est de moins en moins enseignée.

L'intersubjectivité contient, par la présence d'*humains*, qui de surcroît doivent *interpréter*, un argument d'autorité, considéré par Les Lumières comme la marque même de l'obscurantisme que condamnerait définitivement La Raison. Le fait universellement partagé de s'en remettre à d'autres plus compétents que soi dans un domaine donné, soit le recours aux experts, montre à quel point le savoir humain est plus modeste, humilité conduisant à constater, avec Gadamer (1996), que le préjugé le plus grave des Lumières consiste à croire qu'Elles ou La Raison sont à l'abri des préjugés.

À ce titre, peut-être y a-t-il lieu de distinguer les sciences *modernes* des sciences *contemporaines*, rendues à bien plus de modestie pour qui les regarde attentivement. En effet, à s'en tenir à la surface des choses, la « théorie de la *relativité* », parangon de la science contemporaine, apparaît, dans sa dénomination même, des plus malheureuses. Pourtant, d'un

---

pour garantir la bonne foi c'est-à-dire la croyance (du latin *fides* précisément) légitime en ce qui a été vu. Et comme un témoignage unique n'a pas de valeur – *testis unus testis nullus* -, le protocole scientifique doit inclure cette « inter-subjectivité », ce « *entre* Sujets », manière de « dialogue » ou parole (-logue de *logos*) entre, allant de l'un à l'autre (dia-) faisant que la science ne peut exister qu'au moment où il y a partage de la connaissance éventuellement acquise par un seul dans son laboratoire, situation quasi inexistante désormais tant les sciences sont devenues complexes, en particulier en termes de médiations par des instruments.

point de vue épistémologique, cette « relativité » fait entendre la nature *relationnelle* de notre savoir. À cette profondeur, cette « relativité » peut être affirmée « absolue », indiquant que la connaissance d'un phénomène n'est jamais totalement indépendante de son contexte d'apparition. En d'autres termes, le contexte est constitutif de tout savoir pragmatique ou science « embarquée », « *embedded* ». En ce sens, tout science est humaine, trop humaine peut-être (pour reprendre une formule de Nietzsche), et la qualification de sciences *humaines*, dans son opposition à sciences naturelles ou sciences dures, s'avère des plus maladroites, en particulier lorsqu'elles prétendent s'émanciper du contexte, de production comme d'apparition, d'une « donnée » alors que l'une des questions les plus fondamentales de l'épistémologie contemporaine porte précisément sur la compréhension et l'intégration de la médiation du contexte sur la cognition, comme nous avons tenté de le montrer tout au long de l'ouvrage. Bricmont, positiviste convaincu pourtant, nous le rappelle sans ambages : « Le problème est que la rationalité dépend d'une façon extrêmement compliquée du contexte et c'est cette dépendance qu'on est incapable de décrire précisément » (Bricmont 2008 : 166).

La falsifiabilité est-elle falsifiable ? De l'asymétrie de la vérité

Un troisième point de butée que rencontre l'idée courante de scientificité réside en la falsifiabilité, terme malheureux auquel il faut substituer celui de *réfutabilité*[76]. À suivre Popper, une théorie peut prétendre à la scientificité pour autant qu'elle autorise des expériences propres à en démontrer la fausseté, à tout le moins la non-pertinence, ce qui suppose d'en avoir explicité les « conditions de vérité », ce qui est pour le moins très délicat. Ni le marxisme ni la psychanalyse ne sont des sciences, à suivre l'épistémologue autrichien, parce qu'ils sont capables d'absorber, en les

---

[76] Le substantif *falsifiabilité* fut la première traduction en français du verbe anglais *to falsify* utilisé par Popper pour exprimer l'idée de la fausseté d'une théorie scientifique, par opposition à sa vérité, laquelle justement est problématique selon l'épistémologie. Le verbe français *falsifier* ne présente aucun lien avec *réfuter* puisqu'il signifie adultérer, dénaturer ou encore altérer ; son application à une théorie scientifique ne fait pas sens. Nous lui préférons *réfutabilité*.

retournant contre leurs auteurs, toutes les critiques qu'on pourrait leur adresser ; le premier au nom de la lutte des classes et le second au nom de l'inconscient, toujours agissant à leur insu.

Même quand la *réfutabilité* d'une théorie semble acquise sur le principe, son résultat – c'est-à-dire sa *réfutation* – peut ne pas être claire. Montrer qu'il n'est pas vrai ne signifie pas pour autant qu'il soit faux, sauf à évoluer dans un monde binaire où règne la logique du tiers-exclu : puisque la théorie n'est pas vraie pour cette classe de cas *alors* elle est fausse, en ne manquant pas d'ajouter « pour cette classe de cas ». D'avoir montré sur des milliers de patients que telle substance chimique ne présente pas de dangerosité – dangerosité à *choisir* en fixant sa définition, laquelle manquera cruellement d'objectivité, à l'exception de la mort peut-être – n'équivaut pas à établir positivement son innocuité. Poser la question de sa dangerosité dans les termes de la logique du tiers-exclu est impossible. On opère ici avec des statistiques, lesquelles, même correctement conçues, ne rendent guère compte des cas extrêmes, par définition. On pourra « seulement » affirmer que courir le risque de sa mise sur le marché est raisonnable ou acceptable selon des critères « risques (ou coûts)/bénéfices ».

Cette démarche présentes de profondes analogies avec le droit, le *jugement* ou *décision* – par opposition au *calcul* voire à la logique *formelle* –, les deux domaines adoptant le critère du *beyond reasonable doubt*, critère de conviction, donc de croyance, d'une *foi* non-naïve toutefois mais adossée à des démarches scientifiques de l'ordre du « plus ou moins » et non du « ou... ou ». Les juristes ont précisément inventé la présomption d'innocence et le faisceau d'indices convergents, ruses en lesquelles se fonde le *beyond reasonable doubt*, pour transformer du continu, selon le « plus ou moins », en discontinu ou binaire « légal *ou* illégal » permettant au tribunal de juger sur le mode dualiste que l'on attend de lui : « condamné *ou* libéré », en toute connaissance de cause toutefois, à savoir en assumant que la connaissance de la réalité sur laquelle se fonde le jugement est toujours partielle, incomplète.

Ces ruses ressortissent-elles du *logos* ou de la *mètis ?* Poser la question en la forme d'une opposition binaire, c'est s'assurer de n'y pouvoir répondre. L'intersubjectivité, ici juridique, là scientifique, constitue sans doute une *ruse* mais combien *rationnelle*, un hybride que l'on pourrait nommer « raisonnable » et qui ne fait que dire, à tout bien penser, que nous sommes un corps ; de là que les sciences sont toujours « *embedded* » parce qu'« embodied », sécrétées par des êtres animés, à savoir vivants donc physiologiquement délimités.

Mais délimité – circonscrit par des limites – ne signifie pas pour autant déterminé, comme un pur mécanisme. Corrélativement, dans une forme négative, intersubjectif n'implique pas « relativiste » au sens sceptique du terme et non scientifique (physique) : quelles que soient les nuances que nous devons apporter aux notions de *vérité* ou d'*objectivité*, elles n'autorisent aucunement à parler de relativisme selon lequel toutes les affirmations se valent, rien n'est vrai, ni faux au demeurant, « des goûts et des couleurs... ». Vieille discussion philosophique réglée définitivement par Aristote opposant aux Sophistes qui prétendent pouvoir soutenir n'importe quelle position, parce que la vérité n'existe pas, la logique « autophage » de cet argument même : cette prétention là, au moins, doit être vraie !

Enfin, quand bien même aurait-on montré que tel *modèle* était faux, sa réfutation ne signifie pas que la *théorie* dont on a tiré ce modèle est erronée puisque d'une théorie se peut tirer une pluralité de modèles, spécialement si la théorie est sous-déterminée. En d'autres termes, ce n'est jamais la théorie comme telle qui est remise en cause mais bien les modèles ou, plus spécifiques les énoncés, que l'on en infère.

Toutes ces « relativisations », et singulièrement celles affectant la logique du tiers-exclu, laquelle se mue en *beyond reasonable doubt*, laissent entendre que la déduction, mode d'inférence [77] qui semble si parfaitement caractériser la

[77] Dans le dictionnaire, nous trouvons les synonymes suivants pour « inférer » : déduire, conclure, induire, arguer. On peut déjà remarquer qu'on retrouve ici déduire et induire, qui sont cependant plus ou moins opposés, puisque « déduire » signifie « appliquer la théorie aux faits », alors

logique implacable de la démarche scientifique, est beaucoup plus circonscrite que nous le pensons habituellement.

La déduction en science : une modestie ignorée

Entendant le mot « science », l'esprit (occidental) mobilise aussitôt l'idée d'une démarche logique parfaite usant de la déduction, à savoir un mode d'inférence *top-down* – de la loi (de la nature) aux cas (les phénomènes naturels) –, mécanique – ne souffrant aucune interprétation dans son déploiement et donc sans interférence de *choix* d'une quelconque subjectivité – et linéaire – aucune fenêtre temporelle ou « rétroactions simultanées » dans un temps épais, l'argument s'enchaînant pas à pas. Cette attente se révèle par maints aspects excessive, se relativisant par nombre de points de butée.

Tout un pan de la science, celui de la recherche fondamentale, se déroule hors la structure de la déduction, utilisée seulement en quelques moments du mouvement général dit de la *découverte* scientifique, par contraste avec l'*application* des lois de la nature une fois acquises. Ainsi s'explique le résultat mitigé de *La logique de la découverte scientifique* de Popper où la logique au sens de déduction apparaît des plus restreintes dans la phase de découverte. Les raisonnements s'y déployant ne sont pas pour autant irrationnels, nous obligeant à plus de modestie, c'est-à-dire à élargir la notion de raison, en nous inspirant de Whitehead (1929) par exemple, quand il oppose le *logos* à la *mètis*, personnifiés par Platon et Ulysse : « l'un partage la Raison avec les Dieux, l'autre la partage avec les renards »[78].

La *mètis*, que le renard symbolise depuis la Grèce antique, revêt au moins deux formes. La moins stricte fut popularisée sous l'étiquette de « sérendipité », faculté à reconnaître une découverte, scientifique le cas échéant, apportée par le hasard, souvent à l'occasion d'une recherche portant sur un autre phénomène. Cette reconnaissance se fonde principalement sur des indices, ce qui nous renvoie à une

---

qu'« induire » signifie « partir des faits pour construire une théorie ». On peut dire alors qu'à « inférer » s'appliquent les deux sens : mettre en relation des faits et des théories.

[78] cité par Culioli (2005 : 15).

démarche plus formalisée, fût-elle encore loin de la déduction : l'abduction (chapitre *Placebo*, partie *les anticipations du vivant*). Regardée depuis l'épistémologie, l'abduction peut être rapprochée de la méthode dite hypothético-déductive : face à un phénomène surprenant (en ce sens inconnu), nous devons poser une hypothèse, conjecturer une certaine théorie, un « si » tel que si la théorie avancée est correcte, alors ce phénomène devient familier, « régulier » donc entrant dans la règle.

Même en mathématiques, son domaine de prédilection dans la représentation courante des sciences, la déduction n'est pas du tout omniprésente, bien qu'évidemment primordiale. L'organisation axiomatique de ce savoir ainsi que le concept de preuve et son mécanisme logique en sont tributaires. La déduction est le garant de l'universalité et de la beauté des mathématiques. Néanmoins la déduction est loin d'être l'unique démarche épistémique dans l'aventure mathématique : tout l'aspect dynamique de découverte, de remise en question, de tentatives de généralisation et d'analogie révèle l'intervention de méthodes plus tâtonnantes, plus incertaines, plus « humaines » comme les diverses formes d'induction ou d'abduction propres à toute activité scientifique. La déduction n'est que l'un des pôles sur lequel s'appuie la connaissance mathématique.

La déduction retrouve en revanche un large domaine de validité dans la phase d'application des lois établies, loin d'un monopole toutefois. Maints phénomènes lui échappent, des propriétés émergentes aux effets de seuil ou changements d'échelle, en passant par l'extrême sensibilité aux conditions initiales de certains systèmes appelée poétiquement « effet papillon ». Nous oublions aussi fréquemment la masse des approximations et la trop grande généralité de certaines règles rendant les prédictions difficiles. Ainsi la théorie de l'évolution naturelle dont le « mécanisme » de sélection ne permet pas de prédire en toute rigueur les espèces futurs, et qui par-là échappe vraisemblablement à toute réfutabilité.

Sherlock Holmes, avec le succès qu'on lui connaît, illustre parfaitement notre désir de maîtriser le monde grâce à des lois certaines et des déductions fermes, permettant d'identifier sans le moindre doute le coupable ou l'événement à venir. À penser en toute rigueur pourtant, Sherlock ne procède jamais par déduction, son raisonnement ne se fondant pas sur des lois certaines, pas plus qu'il enchaîne mécaniquement, nécessairement les arguments, mais use d'indices, comme toute police scientifique. Or, l'indice contient en lui-même une injonction d'inférence puisque sa structure logique (ou sémiologique), avons-nous vu, est de type « si *p* alors *q* », le « alors » demandant interprétation. L'enchaînement « si fumée *alors* feu » est seulement conjectural, ayant retenu l'hypothèse « feu » alors que d'autres étaient possibles : vapeur, réaction chimique, goudron frais, illusion d'optique... Il y a donc un choix, à dire vrai un pari, que Conan Doyle réussit toujours car il connaît la fin de l'histoire dès le début... puisqu'il l'écrit. Il procède en réalité par *abductions* : « Bon nombre des fameuses "déductions" de Sherlock Holmes sont des cas d'abduction créative » (Eco 1994 : 275 *sqq.*).

Et il faudra beaucoup de créativité – et de chance – à la police scientifique pour trouver le coupable quand, disposant du profil ADN de l'auteur, tiré du sang ou de cheveux récoltés sur la scène du crime, indice qui nous paraît « certain », l'expert constate qu'il ne le retrouve dans aucune base de données. Si aucun (présumé) coupable n'a été arrêté, le profil ADN ne sera d'aucune utilité. S'il a été appréhendé, il faudra encore *juger* que les deux profils ADN, celui récolté et celui du prisonnier, sont *identiques*, en vérité avons-nous vu, *analogues* seulement, ce qui requiert un *choix :* que les ressemblances l'emportent sur les dissemblances. Sans compter que sang ou cheveux indiquent uniquement un passage sur la scène du crime, non un geste criminel, en général.

C'est dire que le raisonnement pour *attribuer* le crime n'est pas de l'ordre d'une déduction mais d'un *beyond reasonable doubt*, affaire de conviction, de subjectivité donc et non de raisonnement objectif. L'attribution de la déduction aux raisonnements de Sherlock trahit un schéma simpliste de la science et de la vérité. Plus étonnant encore, la « logique indiciaire » est rarement mentionnée comme telle dans les traités d'épistémologie. Inversement, l'existence d'indices, même s'ils obligent à *interprétation* donc à *choix*, montre que la science n'est pas pure construction sociale : « [...] on n'envoie pas des hommes sur la Lune avec une construction sociale » (Rey 2003 : 27).[79]

Et si La Vérité était multiple ?

Un cinquième point de butée, le plus troublant peut-être en ce qu'il touche la notion même de vérité conçue comme *une*, *unique*, nous la montre *plurielle*. Avec une difficulté supplémentaire, que l'articulation des diverses conceptions de la vérité n'est pas aisée, pas plus d'ailleurs que la circonscription de telle version de la vérité.

Ainsi trouvons-nous, dans l'ouvrage *Introduction à l'épistémologie* de Soler, trois principales subdivisions de la vérité. D'abord, parce que la plus commune, « la vérité comme correspondance entre un énoncé et une réalité extralinguistique » (Soler 2009 : 57). Ensuite « la vérité comme cohérence », à propos d'une théorie, considérée alors comme vraie si elle est dépourvue de contradiction, ou à propos d'un énoncé « s'il s'intègre sans contradiction à un ensemble préalablement admis d'autres énoncés » (Soler 2009 : 57), cohérence s'inscrivant dans une vérité formelle, distinguée de la vérité matérielle renvoyant, elle, à la vérité-correspondance. Enfin, « la vérité comme consensus », vérité qui réside dans l'acceptation de la théorie par une communauté déterminée de scientifiques (Soler 2009 : 58). Ici, le consensus est substitué à la correspondance entre l'énoncé et la réalité à laquelle il renvoie. La vérité peut être encore reçue comme absolue ou encore comme première, ajoutant à la confusion.

Pourtant, malgré cette confusion, le physicien et épistémologue B. d'Espagnat relève et la « *vérité* des règles prédictives d'observation » et « le mouvement des sciences (encore une fois : à très long terme) [est] globalement cumulatif » (d'Espagnat 2009 : 4-5), confirmant que nous atteignons bien à quelque réalité, même si nous n'appréhendons pas *toute* la réalité. Les technosciences le confirment par leur stupéfiante efficacité, comme elles montrent, à la fois, toute l'étendue de notre ignorance. Le

---

[79] Rey pointe la vision réductrice de certains sociologues qui pensent que la science ne serait *qu'*une construction sociale.

« *quelque* réalité », soit certains aspects du réel et pas d'autres, dépend de la manière de poser la question c'est-dire la façon *choisie* d'interroger la nature ou l'objet en général.

Nous retrouvons alors l'un des plus vénérables – et non résolu parce que sans solution – problèmes de la philosophie, que d'Espagnat décrit comme le « réel voilé », qu'Hadot dénomme « Le voile d'Isis » ; en termes kantiens, que le phénomène n'est pas le noumène, la « chose en soi ». Mais déjà les philosophes médiévaux distinguaient l'ordre de la connaissance ou *ordo cognoscendi* de l'ordre l'essence ou *ordo essendi*, humilité si bien campée par Thomas d'Aquin : « Il n'est pas erroné d'admettre que le mode d'être de celui qui comprend effectivement est différent du mode d'être de la réalité existante. Car l'objet pensé est immatériellement en celui qui comprend selon la nature de l'intelligence, mais non pas matériellement à la manière d'une réalité matérielle » (d'Aquin 1994 : 743) [80] ; la réalité « en elle-même » ou absolument, *simpliciter*, ne se réduit pas à la réalité *quoad nos*, à ce que *nous*, humains, pouvons en connaître.

En résulte que la vérité, quelle que soit sa version, est bien davantage une tension qu'un état, ce que nous disait déjà sa définition la plus usuelle, la vérité-adéquation puisque « ad-équation » signifie littéralement *vers* (« ad- ») l'équation – entre représentation (théorie ou énoncé) et réalité –, soit un chemin, mieux un mouvement, qui décrirait un espace de vérité.

Cette notion d'*espace* de vérité est aussi centrale qu'abyssale, en montrant que la connaissance humaine se prend dans l'épaisseur du temps, les « fenêtres temporelles » dont nous avons parlé à maintes reprises. Temps épais des rétroactions, elles-mêmes actions pour d'autres rétro-effets, dans une boucle des causes et des effets, boucle apparaissant étrange à la pensée plate, linéaire, d'enchaînements mécaniques, déductifs. Étrange étrangeté, alors que tout le monde ne parle que de réseaux, « lieu » dans lequel tous les

---

80 Pour l'exprimer plus didactiquement encore, la carte n'est pas le territoire ou la pierre n'est pas dans notre esprit conformément à sa matérialité minérale.

positions sont relatives les unes par rapport aux autres, et relatives les notions d'avant, d'après, de consécution, de cause et d'effet.

La figure d'un triangle – trois points au moins sont nécessaires pour dessiner de l'épaisseur – peut suggérer cet *espace* de vérité tendu entre les trois pôles de l'ontologie (« je » *est* un corps, *existant* ici et maintenant parmi d'autres *êtres*, qu'il y a de l'*être :* c'est toute la question de l'ontologie, « science de l'être »), de l'épistémologie et de la sémiologie. Peut-être est-ce là la signification profonde de la fameuse phrase d'Aristote qui a inauguré, en consonance et différences d'avec son maître, Platon, la métaphysique occidentale : « Ce qui est est dit multiplement » (Aristote *Les Métaphysique* 1003 a-b, traduction de Muralt 2010 : 88).

« Ce qui est » désigne, de manière concrète, pragmatique (de *pragmata*, les « existants »), l'être ; pôle ontologique. Le « est dit » souligne que l'énonciation est indispensable à la connaissance, qu'il y a nécessaire médiation du langage, et pour la science, qu'elle doit être dite c'est-à-dire publique (*infra*) ; cela ne signifie aucunement qu'il n'y a pas « d'en-dehors » du langage mais simplement qu'il faudra bien le dire si l'on souhaite le partager ; pôle sémiologique. Enfin, « multiplement », qui indique une vérité plurielle, en rien relativiste, mais en tout « relative » à nous, à nos propres puissances de connaître, prolongées ou pas par ces prothèses que l'on appelle techniques, en particulier celles « exosomatiques » : qui projettent notre corps (*soma*) vers l'extérieur car c'est toujours, en fin de compte, une question de corps pour le moins, de *vivant* (*zoon*) ; pôle épistémologique, rejoignant le pôle ontologique, l'être, qui « se *dit* » selon le pôle sémiologique, *etc.* en vertueuse circularité.

Le sujet connaissant se tient à *l'intérieur* du triangle, en tension *entre* les pôles, sans jamais pouvoir atteindre l'un d'eux, la connaissance se réalisant « quelque » part *au sein* de cet espace tendu entre les pôles s'*entre*-déterminant les uns les autres.

Toujours liée à notre corps en sa finitude, la connaissance (humaine) ne peut être qu'*aspectuelle*, saisissant les seuls savoirs qui sont à notre portée, ce qui rend la connaissance délicieusement complexe. Et joyeuse aussi, car ce corps, cette physiologie, avant d'être limite (ou plutôt ressentie telle) est condition de possibilité même de la connaissance, affirmé d'Aristote aux neurosciences, en passant par Thomas d'Aquin et Kant notamment. En ce sens, une vérité « suffisamment bonne » pour agir le satisfera.

La vérité comme connaissance réelle mais aspectuelle du monde ou la vérité « *suffisamment bonne* »

Les problèmes philosophiques, plus précisément épistémologiques, révélés par les quelques différents points de butée mentionnés sont éminemment concrets. Leur prêter attention nous conduirait à une meilleure compréhension de la science. Par exemple, le Big bang n'est pas l'origine de l'univers, comme nous le lisons trop souvent, mais simplement le moment à partir duquel *nous* (*quoad nos*) accédons à de l'information sur l'univers, la différenciation ou le contraste devenant « suffisamment bon » pour nos instruments. Le Big bang est le bang *de quelque chose* qui *est* donc « avant » (formule étrange si l'on admet que le temps est « créé » à ce moment-là) mais qui nous demeure opaque à cause de ce « mur informationnel » (Lévy-Leblond 1996 : 228-251)[81].

Rappelons que *notre* cosmologie est élaborée sur la connaissance de cinq pourcent environ de la matière de l'ensemble de l'univers. Il y a quelques années, la génétique s'était astucieusement débarrassée de septante pourcent environ des segments des gènes au motif qu'ils n'étaient pas « codants » alors que *nous* ne comprenions simplement pas, à cette époque, à quoi ils servaient.

La connaissance humaine ne peut pas ne pas être aspectuelle puisque nous sommes un corps, ne connaissons pas en

---

[81] L'auteur rappelle que l'expression Big Bang, gros boum, a été créée par un pourfendeur de la théorie, précisément pour s'en moquer, d'une part ; que, retournée contre son inventeur, plaisante aux oreilles de tous, elle nous trompe, profanes comme professionnelles, par les fausses représentations qu'elle véhicule, d'autre part. Une fois de plus se montre la puissance de la médiation du langage dans la science… en mauvaise part cette fois-ci !

dehors de lui mais au contraire nous ingénions-nous à le prolonger par des instruments. Si perfectionnés qu'ils soient, nous n'apprenons que par leur *intermédiaire*, médiation qui ne rend pas artificiel voire carrément faux notre savoir mais le constitue comme partiel, tissés d'*aspects* du réel et non de sa totalité. Par le corps ou les instruments ne nous est donné que ce qu'ils peuvent appréhender. Contemplant l'Idée de noumène, nous nous tromperions lourdement en affirmant que notre connaissance est *seulement* aspectuelle car ce corps qui « médiatise » tout savoir n'apparaît une limitation qu'en référence à cette Idée de chose en soi. En vérité, le corps ne nous limite pas puisqu'il permet la connaissance, une connaissance certes tout humaine, à notre mesure, non parfaite, non totale.

Mais la tentation de la perfection, le point de vue de Sirius, est irrépressible, nous faisant souvent prendre des *corrélations* pour des *causalités*, nous donnant l'illusion de la connaissance et par là de la maîtrise. Hume nous avait pourtant mis en garde : nul ne peut constater empiriquement la causalité comme telle à l'œuvre, seuls les pôles de cette relation, appelés « causes » et « effets » et non leurs liens comme tels, nous sont donnés. Nous n'observons jamais l'action même de la cause mais constatons simplement des traces ou indices. Et de ce que nous appelons « effets », nous *inférons* soit *interprétons* qu'une force les relie à ce que nous appelons alors « causes » : force magnétique inférée du parallélisme entre le mouvement de l'aimant et celui de limaille de fer, force de gravité entre la pierre lancée dans le ciel et le sol qu'elle rejoint toujours. De l'expérience *pragmatique* de leur « co-présence » nous inférons le lien *théorique* d'une causalité. Est-ce à dire que la causalité n'existe pas ? L'affirmation a cours en physique quantique sans que ne soit pour autant nié un déterminisme entre les phénomènes.

Ces points de butée sont souvent ignorés du citoyen lambda ou des médias, et sont guère mieux connus de nombres de chercheurs, en sciences humaines et sociales notamment. Les probabilités et les statistiques y sont généralement réduites à des recettes ou marches à suivre à appliquer, soit des techniques, dont l'élaboration, le *comment*, est en grande partie ignoré. La confusion entre corrélation et causalité ainsi que l'abus de la logique du tiers-exclu y sont légion. Ainsi est prolongée jusque dans la période contemporaine une conception très réductrice de la science comme de la vérité, dont les lettres de noblesse ne manquaient pas au XVIIe siècle du cartésianisme triomphant, celle de la toute-puissance du *logos*, au point que Newton réécrira ses carnets pour faire apparaître sa découverte de la composition de la lumière comme déductive. La *mètis* est désormais reconnue en science contemporaine – si ce n'est à la lettre, dans l'esprit tout du moins –, ouvrant de nouveaux horizons à « la » vérité aussi bien qu'au *logos*.

Le bilan que l'on peut tirer des différents points de butée structurant « la » notion de vérité est joyeusement et indubitablement positif : nous connaissons *réellement* le monde, même si ce savoir ne l'épuise pas ; nous le connaissons *aspectuellement* donc. Nous en avons une connaissance « suffisamment bonne » pour nous y maintenir *vivants*, c'est-à-dire en mouvement, en termes physico-physiologiques, ou en action, en termes éthiques.

La raison profonde tient à ce que nous connaissons par notre corps, en dernier ressort, dans une intimité toute pragmatique entre le corps que nous sommes et la nature que nous interrogeons dans l'*acte* même de connaissance : « l'acte du senti et [l'acte] de la sensation est le même et unique » (Aristote *De anima* 425b 25-27, traduction de Muralt 1995 : 114) ou encore « l'âme est d'une certaine manière toutes choses ; les êtres sont en effet soit sensibles, soit intelligibles, et la science est d'une certaine manière les objets de science, la sensation les sensibles » (Aristote *De anima* 431b 21-23, traduction de Muralt 1995 : 114).

Nous sommes alors invités à distinguer de cet *acte* de connaissance la *connaissance* elle-même, laquelle se construit certes *à partir* de ces actes, par abduction et analogie, usant encore de mémoire et d'imagination ajoutait Aristote. Il y a donc simultanément unité du Sujet et de l'Objet – pour reprendre une terminologie classique mais fautive dans ses échos dualistes – dans l'acte de connaissance et dualité ou séparation dans la connaissance.

Une manière de « monisme *complexe* », opposé au monisme matérialiste en vogue (très rarement spiritualiste) d'une part et, d'autre part, au dualisme moderne séparant l'esprit du corps tout en en affirmant la supériorité, comme *res cogitans* et *res extensa* chez Descartes, placés en des mondes différents, que les réalités pragmatiques obligent pourtant à tenir ensemble, voire à fusionner.

Le constat humble et solide d'un « suffisamment bon » pour les vivants que nous sommes nous éloigne définitivement du relativisme d'un « tout se vaut » ou du scepticisme d'un « on ne connaît rien », aussi bien que du scientisme « on finira par tout connaître », et ne devrait pas nous surprendre.

Ne sommes-nous pas, en effet, des corps ? Cette évidence empirique, malmenée par le dualisme cartésien, si théorique [82] que Descartes vouera sa vie intellectuelle à remettre ensemble ce qu'il eût fallu se garder de séparer, position abstraite qu'épousera à son tour Kant, et à leur suite toute la modernité, oubliant le constat anthropologique modeste d'Aristote : « *Parmi* les animaux, seul l'homme ». Peut-être est-ce là la plus fondamentale (re)découverte des neurosciences ?

La science publique : une vérité toujours bonne à dire

Si les découvertes scientifiques peuvent être le fruit d'une recherche solitaire, réussite d'un homme seul devenue presque impossible dans la science contemporaine tant la présence des instruments y est lourde et indispensable, la science, elle, est toujours *publique*. Tant que la découverte solitaire n'est pas partagée, c'est-à-dire soumise aux pairs, rien n'en garantit la pertinence, position analogue au témoin unique dans un procès, fragilité rendue par l'adage latin *testis* (témoin) *unus* (unique) *testis nullus* (nul). Devant le

---

[82] Le mot grec *theoros*, dont on tirera *theoria*, renvoyait d'abord à l'empirie, la vision d'un objet physique chez Démocrite. Il prendra un tour plus aristocratique avec Platon (*Phédon* 65 e 2), devenant contemplation par l'âme des Idées, des archétypes désincarnés ou modèles situés hors le monde sensible, ou contemplation de l'Être ou du monde intelligible (*La République* VI 511 c 6).

tribunal du droit ou de la Raison, dans semblable situation, une « suffisamment bonne » conviction, de l'ordre d'un *beyond reasonable doubt*, ne peut se former.

Il se peut que cette soumission au *jugement* des pairs ne change rien à la vérité-adéquation de la loi proposée. Mais la notion de vérité-adéquation étant insuffisante à soi seule pour garantir la scientificité d'une proposition, partager la découverte devient indispensable à sa validation, à sa pertinence et à tout dire indispensable pour « faire sens » : « Il ne peut y avoir de science, au sens strict du terme, qu'exprimée » souligne Granger (1993 : 53). Il faut que la « vérité » soit dite, c'est-à-dire rendue publique, pour être vraie, plus exactement pour devenir vraie. Alors la science ne peut se penser à part la question du langage : « Il n'y a de science qu'énoncée » (Soler 2009 : 94), science *publique*. Sa publicité s'avère essentielle à sa validité.

En effet, dans le monde des hommes, qui dit partage dit langage, exhibant un lien *intrinsèque* entre langue et science. Ce *moment* (car intrinsèque) sémiologique de la science entraîne de nouvelles relativisations de « la » vérité, qui donnent à comprendre pourquoi, et depuis les origines, l'*interprétation* est au cœur de la science, bien loin de la seule *observation*, de surcroît prétendue neutre, objective, jusqu'à croire au « fait *pur* ».

La sémiologie nous conduit à considérer d'un regard plus complexe les rapports entre l'énoncé scientifique *en tant qu'énoncé* et le réel dont il est censé nous parler.

Sans doute les scientifiques sont-ils conscients de la tension existant entre la loi scientifique considérée dans sa structure et la singularité de chacun des phénomènes qu'elle entend régir… ou simplement décrire. La loi scientifique, *en tant que générale et abstraite*, ne peut saisir des faits *actuels* c'est-à-dire des faits considérés dans leur singularité même. Elle décrit des faits *virtuels*, des faits ayant été sélectionnés, apurés, arraisonnés, calibrés dans le langage de cette loi ou théorie, « faits schématiques, *complètement déterminés dans le réseau de concepts* de la théorie même, mais *incomplètement déterminés en tant que réalisables ici et maintenant* dans une expérience » (Granger 1993 : 49). Les frottements et autres pertes d'énergie, par exemple, que nos expériences ne parviennent pas à supprimer, rendent la prévisibilité de la loi toujours « à quelque approximation près ».

Mais au-delà du problème épistémologique ou logique que pose toute loi *en tant que générale et abstraite* destinée à saisir des faits, eux *singuliers et concrets*, se pose un problème proprement sémiotique : un énoncé, quel qu'en soit le domaine, se donne à nous sous l'apparence d'un ensemble de formes (voir chapitre *Science et langage*). Ces formes étant autant de signes (chapitre *Placebo*, partie *l'effet placebo*), il n'y a de *sens* qu'au travers des relations qu'entretiennent ces *formes* avec les *objets* qu'elles désignent en vertu de *concepts* ou de *lois d'interprétation*[83].

Autrement dit, le sens se constitue dans le cadre d'une relation triadique entre signifiant (*forme*), signifié (*concept* ou *loi d'interprétation*) et référence (*objet*). Si le sens est bien porté par cette relation triadique, nous ne savons pourtant pas où il se situe, *au sein* de l'espace triangulaire que cette relation dessine, la seule certitude dont nous disposions tient à ce que le sens ne se trouve dans aucun des pôles tel quel. Dès lors, lisant un énoncé scientifique, nous ne lisons pas la signification (ne serait-ce que langagière, soit le sens) de la théorie mais des formes (plus précisément des symboles : lettres, chiffres ou autres) qu'il faut dirait-on communément « décoder », alors que cette lecture est, en vérité, aucunement automatique mais interprétative.

Le mot « décoder » présuppose, en effet, un rapport d'équivalence entre le signifiant et le signifié, voire entre le signifiant et la référence, à moins que ce ne soit entre le signifié et les signifiant/référence à la fois, tentant, ce faisant, de rendre compte du fait qu'il y a encore un *passage* entre signifié (le concept ou la loi d'interprétation) et référence (l'objet). Ainsi sommes-nous plongés dans une situation peu claire, un espace de sens, une fenêtre

---

[83] Il s'agit là d'une reformulation de la tripartition du signe entre *representamen*, *objet* et *interprétant* proposée par Peirce (1978). Pour rappel, le signe est « quelque chose [*representamen*] qui tient lieu pour quelqu'un de quelque chose [*objet*] sous quelque rapport ou à quelque titre [*interprétant*] » (Peirce 1978 : 121). L'interprétant peut être un concept ou une loi d'interprétation.

temporelle, qui nous oblige déjà à interpréter et non simplement décoder. Le décodage requiert en effet une structure très spécifique du signe, pragmatiquement fort rare : le signe-équivalence, de type « A ≡ B » (Eco 1988 : 13-14) : disposant de A, l'esprit passe mécaniquement et univoquement à B, manière de bijection, déjà mise à mal par le fait que B peut-être le signifié ou la référence ou les deux.

Retraçant l'histoire de la sémiologie, adoptant un point de vue pragmatique, Eco (1988) soutient que la structure originelle du signe prend la forme générale d'un renvoi : un signifiant n'est pas émis (prononcé ou écrit) pour lui-même mais « à la place de », il renvoie à une autre réalité que lui-même, cet autre étant un mélange à la composition peu claire de signifié et de référence. Ces derniers doivent être entendus au pluriel de surcroît, l'interprète ayant à *choisir* parmi des possibles lequel lui paraît le plus approprié pour « faire sens » dans le contexte dans lequel le signe a été utilisé puis lu ou regardé.

La structure originelle du signe (signe-renvoi) suit le modèle « si A alors B », plongeant tout récepteur dans le flottement d'une logique simplement indiciaire, l'obligeant à émettre des conjectures plutôt que d'appliquer des algorithmes de stricte substitution d'un symbole à un autre comme dans le modèle du signe-équivalence.

En effet, la figure logique « si... alors » reliant deux ensembles, celui des A et celui des B, très largement indéfinis pour l'ensemble « contenant » les signifiés et celui des références, oblige à *choix*, le récepteur devenant *ipso facto* un interprète, qui *parie* une certaine conjecture (de sens dans ce cas), qu'il ne retiendra comme « le » sens de l'énoncé que si son hypothèse est « suffisamment bonne » pour ce qu'il a l'intention de faire avec l'énoncé en question. Ce récepteur, comme interprète, se retrouve lui-même toujours déjà plongé dans un ensemble plus vaste, une langue, une culture scientifique, la culture en général.

Et l'on sait toute la fragilité d'un pari, fût-il de sens. En présence de l'indice « fumée » par exemple, l'hypothèse « (alors) feu » viendra vite à l'esprit, tant le scénario pragmatique ou *social pattern* « si fumée alors feu » est enraciné dans nos habitudes de pensée. Les conjectures concurrentes, vraisemblables elles aussi, ne manquent pas : brume, vapeur, nuage de poussière, émanations d'un goudron chaud, illusion d'optique due à la chaleur, réaction chimique sans feu. L'indice « fumée » n'enjoint donc pas le récepteur à conclure à « feu » mais lui indique simplement quelques directions possibles pour son interprétation : l'*indice* emporte *indication*, direction pour l'inférence, comme son origine physique, l'*index*, le laisse voir, cet organe qui pointe (vers) (chapitre *Placebo*, partie *l'effet placebo*).

Remarquable origine concrète de l'indice puisque physico-physiologique, l'*index* tendu, doigt de chair et d'os, incarné et par là ressortissant au sensible. Mu par les *sens*, il pointe, indiquant une direction, un certain *sens* à suivre. Et cette direction indiquée, qui provoque un contraste dans l'espace homogène avant que ne soit tendu le doigt, fait *sens* c'est-à-dire emporte une certaine signification pour l'interprète dans le contexte dans lequel il reçoit cette indication.

Ce triple sens de « sens » est rivé au corporel, à la matière, dans la définition même de l'indice : c'est par une contiguïté physique que l'indice assume sa fonction sémiotique de renvoi (« à la place de »), contiguïté physique (patente dans la trace) reliant l'indice considéré sous l'angle du signifiant à sa référence et à son signifié (en vérité ses possibles références et signifiés). L'indice s'avère être le plus « animal » des signes [84], donnant à voir l'enracinement physiologique de la sémiotique, du sens dans le corps.

Et, comme nous l'avons vu ci-avant et dans le cours de l'ouvrage, la prise en compte de cette incarnation (*embodiment*) du sens est d'autant plus importante pour la science que tout signe – même iconique ou symbolique – et, de ce fait, tout interprète est toujours pris dans une logique indiciaire. Nous pouvons alors affirmer, dans le langage de Dilthey, que les *Geisteswissenschaften*, les sciences humaines, sciences du sens, s'enracinent dans l'*erklären*

---

[84] Comme vu au chapitre *Placebo* (partie *l'effet placebo*) les deux autres types de signes – c'est-à-dire icône et symbole – ne bénéficient pas de pareille immédiateté au corps, de semblable incarnation, l'icône réalisant sa fonction de renvoi par schématisation ou analogie et le symbole par rapport conventionnel (arbitraire).

(éclairer, expliquer) des *Naturwissenschaften*. Et, réciproquement, les sciences de la nature ne sauraient se passer du sens, d'interprétations, du *verstehen* (comprendre) des *Geisteswissenschaften*.

Des sciences humaines tellement naturelles : pour un monisme complexe

Au terme de ces réflexions épistémologiques et en synthèse de leur exercice sur deux objets concrets et matrices d'« indisciplinarité », le placebo et la symétrie, nous aboutissons au constat d'un enracinement des sciences humaines dans les sciences naturelles, lequel va bien plus loin que l'affirmation toute générique d'un « fondement » ou de « bases biologiques » à la pensée ou au comportement humains. Nous avons décrit cet enracinement comme un « monisme complexe », montrant des sciences de l'homme « *embedded* » et surtout « *embodied* », dans le corporel, tirées de son fond, par lui « sécrétées », tout comme les sciences naturelles, et sans que n'y prévale quelque déterminisme strict, absolu.

Un lien nouveau, ou nouvellement vu, entre ces deux types de sciences, sur lequel pourrait-on peut-être fonder *une* nouvelle science. Mais point *une* au sens de science une, totale, méta-science absorbant ou régissant toutes les autres sciences, mais science de l'*entre*, science *inter*-disciplinaire, ou plutôt *trans*-disciplinaire tant elle est « *embodied* ». D'un mot, *indisciplinarité*.

ÉPILOGUE

Explorations en terre indisciplinaire

Au terme de ce voyage exploratoire, nous voudrions ici réinterroger les conditions de possibilité d'une aventure de pensée collective et interdisciplinaire. Ainsi que nous l'avons vu, la construction du savoir ne peut faire fi du langage, que l'on souhaite le constituer en un point nodal du travail scientifique ou, au contraire, le réduire *a minima*. Or, ce que nos explorations montrent peut-être le mieux, c'est que la construction collective du savoir est avant tout une affaire de langages pris dans l'interaction humaine, et que cette affaire se complexifie nécessairement au moment où il s'agit d'aller par-delà les langages disciplinaires pour partager une appréhension commune et cohérente des phénomènes.

Dès lors, comment notre groupe a-t-il procédé pour dépasser ces difficultés ? Et quels enseignements est-il possible de tirer d'une *praxis* collective qui, sans cesse, a feint d'être l'organisatrice d'un chaos la dépassant nécessairement[85] ? Bien entendu, sauf à effectuer la reconstitution détaillée des nombreuses années de travail en commun que notre groupe a vécu et à s'arrêter sur tous les cahots qui ont marqué notre

[85] Pour reprendre ici une boutade métaphysique de Jean Cocteau que nous citions dans le chapitre consacré au *placebo*.

route, répondre à ces deux questions ne peut se faire que par une schématisation qui – si elle s'efforce de mettre en évidence les points saillants du processus – n'est dans le même temps qu'une réduction.

Proposer et mutuellement s'ajuster

Embusqués à la lisière de l'individuel et du collectif, se distinguent manifestement deux moments de la *praxis* collective – moment de *proposition* et moment d'*ajustement mutuel* – qui s'entremêlent dans la temporalité de la discussion.

Les temps de *proposition* – prenant souvent la forme de textes distribués préalablement puis présentés oralement – voient la « transmission » des connaissances d'un individu vers d'autres individus qui, à leur tour, (re)construisent les connaissances ainsi partagées. Cette transmission peut prendre le tour de différentes sortes de textualisation du savoir : raconter, décrire, expliquer, argumenter. Dans ces temps de *proposition*, le discours scientifique est comme prêt à être mis en question, discuté.

Si les temps de *proposition* fournissent une matière première, les temps d'*ajustement mutuel* sont, eux, les ferments du savoir interdisciplinaire. Prenant la forme de discussions à bâtons rompus mais également de rédactions collectives, les t*emps d'ajustement mutuel* permettent de (re)considérer et de (re)mettre en question les savoirs préalablement *proposés*. Sans *ajustement mutuel*, pas de construction collective du savoir possible, jusqu'au risque même d'une rupture, à défaut d'une solution permettant de continuer à travailler ensemble. Ce n'est ainsi qu'au cœur et au fil des séances de travail de notre groupe et des sous-groupes le composant que se sont construits peu à peu des registres épistémiques pertinents, c'est-à-dire *suffisamment bons* pour que chacun de nous puisse les constituer en un réseau conceptuel doté de sa propre cohérence. Constitution faite dans le temps mais pas pour autant linéaire. Au contraire, celle-ci s'est réalisée au travers de multiples allers-retours – voire de confrontations – entre des registres épistémiques de taille et de configuration diverses, au sein du groupe pris dans son entier, entre chacun de ses membres, ou dans le cadre des sous-groupes, compris alors comme autant de coalitions temporaires réunies autour d'un objet ou d'une perspective.

Un tel fonctionnement implique d'innombrables mouvements d'*ajustemen*t des uns envers les autres, non pas pour atteindre un consensus univoque mais bien pour construire ensemble une appréhension plurielle de certains phénomènes, le *placebo* notamment. Il ne s'agit dès lors pas de vulgariser ou de réduire des approches complexes mais plutôt d'intégrer les perspectives pour les rendre saisissables dans un cadre nourri et à nourrir, construit et à (re)construire, sans cesse, ensemble.

Ainsi, ces deux moments de *praxis* collective (*proposition* et *ajustement mutuel*) semblent être l'une des conditions nécessaires pour avancer ensemble dans la construction d'un savoir partagé. Ainsi que nous l'évoquions dans d'autres chapitres, il s'agit bien une fois encore de suivre le chemin qui est en train de se construire sous nos pas alors même que *nous* marchons.

Le couple *proposition-ajustement mutuel* est néanmoins trop simple et bien trop général pour être satisfaisant, une telle description pourrait probablement s'appliquer au fonctionnement de tout groupe de travail dont les outils de médiation utilisés sont langagiers. Aussi, si cette description éclaire certains aspects de notre démarche, elle n'est pas *suffisamment bonne* pour en révéler la complexité, et particulièrement son interdisciplinarité.

Penser et dire ensemble

La narration permet un peu mieux de saisir l'épaisseur de la démarche interdisciplinaire. En introduction, nous parlions d'*histoire*, de notre histoire. Et cette histoire a été celle de chercheurs en quête d'une interdisciplinarité à réinventer, une histoire qui n'a donc pas pu être le fait d'un seul narrateur mais le produit d'une pluralité de voix acceptant de se fondre sans pourtant trop se confondre, un véritable penser et dire ensemble.

Ce *penser et dire ensemble* ne peut qu'induire quelques tensions, à la fois affectives et cognitives. Or, l'espace de dialogue engagé – un espace de tension, un espace d'achoppement, une « zone d'inconfort » – s'est révélé dynamique, productif et opératoire. Ces espaces se sont avérés être tout à la fois des lieux d'émergence de « points de butée » et des moyens pour les résoudre ; les lieux de rupture contenant potentiellement les solutions aux (dis)solutions de continuité. La reconnaissance de la rupture se pose ainsi comme condition même de la continuité.

Ces espaces de tension – nourris sur fond de différences, d'écarts, de décalages – ont permis la mise en évidence de la spécificité de nos points de vue disciplinaires, la mise en perspective de notre altérité respective ainsi que son accueil. Cette mise en perspective a servi de loupe sur la discipline de l'autre en même temps que sur la sienne propre, pour se regarder autrement et ainsi prendre le recul nécessaire pour avancer ensemble. Une condition pour *faire sonner ensemble nos dissonances*. Il s'agissait en quelque sorte de voir l'ailleurs pour mieux comprendre l'ici.

La « rencontre » des points de vue disciplinaires a pris sens dans ces zones limites, ces espaces intermédiaires, ces espaces flous, où les frontières tendent à s'estomper au fil des avances et des reculs, des sorties et des replis, ces espaces où l'on tend vers l'autre disciplinaire sans jamais vraiment l'atteindre. Aller à la rencontre de l'autre disciplinaire relève de la « tentative », de l'essai, du geste de se risquer « out of the box », tout en sachant que l'autre reste toujours hors d'atteinte, posé d'abord comme un horizon, comme un repère vers lequel on tend, l'essentiel étant dans le processus, dans l'*action vers* (*ad-equatio*) plutôt que dans son résultat. La rencontre interdisciplinaire s'inscrit dès lors dans une logique du « presque », dans une logique de l'approximation, du pas à pas, d'une appropriation progressive de l'autre. En cela, elle n'a rien d'un partage d'acquis ou de conquête de l'autre. Elle n'est en quelque sorte qu'une invitation sur « le pas de la porte », qui permet de se projeter dans l'espace de l'autre sans vraiment l'investir, le sachant toujours trop étranger. La rencontre interdisciplinaire reste de l'ordre du « passage », du furtif, de la fulgurance, telle une fenêtre qui ouvre en même temps sur l'autre et sur moi, tout en en estompant dans l'instant les frontières. Ces frontières labiles et toujours à réinventer se révèlent dès lors comme condition même du dialogue interdisciplinaire.

Construire sur fond de différences

L'inter-, le pluri- et le transdisciplinaire se construisent sur fond de décalages, de points de vue particuliers qui se mettent mutuellement en perspective. Un dialogue au sein d'un « identique » n'aurait pas eu de sens... car il ne s'agissait pas de s'accorder, mais d'assumer le désaccord et, en quelque sorte, de passer de l'illusion de la compréhension à la clarté de l'incompréhension. Un dialogue au sein d'un « identique », avec l'un qui aurait investi l'espace de l'autre, n'aurait été que vacuité. Il ne s'agissait pas de parler au nom de l'autre mais de parler à l'autre. Ce qui instaurait de fait une distance entre le soi et l'autre disciplinaire, une distance consubstantielle de la définition même de dialogue. Ainsi, l'interdisciplinarité ici racontée est-elle celle d'un dialogue en face à face (et non d'un « discours rapporté »), où les idées sont co-construites pas à pas, dans la réciprocité des perspectives, dans le partage d'une logique du « presque », du « presque » de la *symétrie* et du *placebo*, invoqué dans nos réflexions sur la *science*, le *langage* et la *connaissance*.

C'est justement l'attrait d'une scientificité jamais atteinte « parfaitement » dans les sciences humaines, ni dans les sciences dites dures d'ailleurs, qui a dessiné la trame de notre histoire. Une histoire racontée à plusieurs, dans la diversité de nos regards, avec l'intime conviction que c'est non seulement dans le partage de procédures de prédictions et de contrôles que réside la clé de la scientificité mais également dans la prise en compte de sa dimension fondamentalement incarnée. Cette histoire est ainsi l'*empreinte* de nos réflexions collectives, *trace documentaire* des réflexions passées et *trace génératrice* de réflexions à venir.

Bibliographie

Placebo

Aronson, J. (1999). Please, please me. *BMJ* 318, 716.

Bar, M. (2011). *Predictions in the brain : Using our past to generate a future.* Oxford, Oxford University Press.

Bar, M. (2007). The proactive brain : using analogies and associations to generate predictions. *Trends in Cognitive Sciences* 11, 280-289.

Baron, R J. (1985). An introduction to Medical Phenomenology : I Can't Hear You While I'm Listening. *Annals of Internal Medicine* 103, 606-611.

Basbaum, A. I. et Fields H. L. (1978). Endogenous pain control mechanisms : review and hypothesis. *Annals of Neurology* 4 (5), 451-462.

Beauregard, M. (2007). Mind does really matter : evidence from neuroimaging studies of emotional self-regulation, psychotherapy, and placebo effect. *Progress in Neurobiology* 81, 218-236.

Beecher, H. K. (1955). The powerful placebo. *JAMA* 159 (17), 1602-1606.

Benaroyo, L. (2006). *Éthique et responsabilité en médecine.* Genève, Médecine et Hygiène.

Benedetti, F. (2014). *Placebo effects*. Oxford, Oxford University Press.

Benedetti, F., Mayberg, H. S., Wager, T. D., Stohler, C. S. et Zubieta, J. K. (2005). Neurobiological Mechanisms of the Placebo Effect. *The Journal of Neuroscience* 25, 10390-10402.

Benson, H. et Friedman, R. (1996). Harnessing the Power of the Placebo Effect and Renaming it 'Remebered Wellness'. *Annual Review of Medicine* 47, 193-199.

Benson, H. et Epstein M. D. (1975). The Placebo effect. A Neglected Asset in the Care of Patients. *JAMA* 232 (12), 1225-1226.

Berthoud, A.-C. (2006). Interroger des formes linguistiques « ancrées » dans l'interaction verbale. In Ducard, D. et Normand, C. (dir.), *Antoine Culioli. Un homme dans le langage* (p. 221-236). Paris, Ophrys.

Berthoz, A. (2002). *La décision*. Paris, Odile Jacob.

Berthoz, A. et Debru C. (2015). *Anticipation et Prédiction. Du geste au voyage mental*. Paris, Odile Jacob.

Besson, J. M. (1992). *La douleur*. Paris, Odile Jacob.

Cauquelin, A. (1999). *L'art du lieu commun. Du bon usage de la doxa*. Paris, Seuil.

Colloca, L. et Benedetti, F. (2006). How prior experience shapes placebo analgesia. *Pain* 124, 126-133.

Craig, A. D. (2003). A new view of pain as a homeostatic emotion. *TINS* 26 (6), 303-307.

Dantzer, R. (1989). *L'illusion psychosomatique*. Paris, Odile Jacob.

Danziger, N. (2010). *Vivre sans la douleur*. Paris, Odile Jacob.

Danziger, N., Faillenot, I. et Peyron, R. (2009). Can we share a pain we never felt ? Neural correlates of empathy in patients with congenital insensivity to pain. *Neuron* 61, 203-212.

De La Fuente-Fernandez, R. et Stoessl, A. J. (2002). The placebo effect in Parkinson's disease. *TINS* 25 (6), 302-306.

Detienne, M. et Vernant, J.-P (2009 [1974]). *Les ruses de l'intelligence. La mètis des Grecs*. Paris, Flammarion.

Eco, U. (1989). Du sémiologue au romancier. *Magazine littéraire* 262.

Eco, U. (1988 [1971]). *Le signe*. Bruxelles, Labor.

Eisenberger, N. I., Jarcho, J., Lieberman, M. D. et Naliboff, B.D. (2006). An experimental study of shared sensitivity to physical pain and social rejection. *Pain* 126, 132-138.

Eisenberger, N. I. et Lieberman, M. D. (2004). Why rejection hurts : a common neural alarm system for physical and social pain. *Trends In Cognitive Sciences* 7, 294-300.

Finiss, D. G., Kaptchuk, T. J, Miller, F. et Benedetti, F. (2010). Biological, clinical, and ethical advances of placebo effects. *Lancet* 375, 686-695.

Foucault, M. (1963). *Naissance de la clinique.* Paris, PUF.

Froschner, M. (1993). Prudence. In Höffe, O. (dir.), *Petit dictionnaire d'éthique* (p. 270-272). Paris, Cerf.

Gadamer, HG. (1990). What is Practice ? The Conditions of Social Reason, In Gadamer, H. G., *Reason in the Age of Science* (p. 69-87). Cambridge, MIT Press.

Garfinkel, Harold (2007 [1967]). *Recherches en ethnométhodologie.* Paris, Presses universitaires de France.

Geertz, C. (1973). *The Interpretation of Cultures.* New York, Basic Books.

Gisquet-Verrier, P., Lynch, J. F., Cutolo, P., Toledano, D., Ulmen, A., Jasnow, A. M. et Riccio, D. C. (2015). Integration of New Information with Active Memory Accounts for Retrograde Amnesia : A Challenge to the Consolidation/Reconsolidation Hypothesis ? *The Journal of Neuroscience* 35 (33), 11623-11633.

Hamou, P. (2007). The Footsteps of Nature. Raisonnement indiciaire et « interprétation de la nature » au XVIIe siècle. Quelques considérations historiques et épistémologiques. In Thouard, D. (dir.), *L'interprétation des indices. Enquête sur le paradigme indiciaire avec Carlo Ginzburg* (p. 203-204). Villeneuve-d'Ascq, Presses universitaires du Septentrion.

Hall, K. T., Lembo, A. J., Kirsch, I., Ziogas, D. C., Douaiher, J., Jensen, K. B., Conboy, L. B., Kelley, J. M., Kokkotou, E. et Kaptchuk, T. J. (2012). Catechol-O-methlytransferase val158met polymorphism predicts placebo effect in irritable colon syndrome. *PLOS ONE* 7 (10), e481 35.

Harris, A. J. (1999). Cortical origin of pathological pain. *The Lancet*, 354, 1464-1466.

Hart, J.T. et Dieppe, P. (1996). Caring effect. *The Lancet* 347, 1606-1608.

Hróbjartsson, A. et Gøtzsche, P. C. (2001). Is the Placebo Powerless ? An Analysis of Clinical Trials Comparing Placebo with No Treatment. *New England Journal of Medecine* 344, 1594-1602.

Humphrey, N. (2002). Great Expectations : The Evolutionary Psychology of Faith-Healing and the Placebo Effect. In

Humphrey, N., *The Mind Made Flesh : Essays from the Frontiers of Psychology and Evolution* (p. 255-285). Oxford, Oxford University Press.

Kaptchuk, T. J., Friedlander, E., Kelley, J. M., Sanchez, M. N., Kokkotou, E., Singer, J. P., Kowalczykowski, M., Miller, F. G., Kirsch, I. et Lembo, A. J. (2010). Placebo without deception. A randomised controlled trial in irritable bowel syndrome. *PLOS ONE*, 5, e15591.

Kaptchuk, T. J. (1998). Intentional ignorance : a history of blind assessment and placebo controls in medicine. *Bulletin of the History of Medicine* 72, 382-433.

Kempton, W. (1987). Two theories of home heat control. In Quinn, D. et Holland, N. (dir.), *Cultural Models in Language and Thought* (p. 222-242). Cambridge, Cambridge University Press.

Kirsch, I., Deacon, B. J., Huedo-Medina, T. B., Scoboria, A., Moore, T. J. et Johnson, B. T. (2008). Initial severity and antidepressant benefits : a meta-analysis of data submitted to the Food and Drug Administration. *PLoS Med*, 5, e45

Kissel, P. et Barrucand, D. (1964). *Placebos et effet placebo en médecine*. Paris, Masson.

Levinson, S. C. (1983). *Pragmatics*. Cambridge, Cambridge University.

Mattingly, C. (1994). The Concept of Therapeutic 'Emplotment'. *Social Science and Medicine* 38, 811-822.

McIntyre A. (1984 [1981]). *After Virtue. A Study in Moral Theory*. Notre Dame, University of Notre Dame Press.

Merleau-Ponty, M. (1964). *Le visible et l'invisible*. Paris : Gallimard.

Merminod, Gilles (2018). *La trajectoire d'une histoire. Formes, usages et idéologies du raconter*. Lausanne, Université de Lausanne.

Miller F. G., Colloca L. et Kaptchuk T. (2009). The Placebo effect : illness and interpersonal healing. *Perspective in Biology and Medicine* 52 (4), 518-539.

Moerman, D. E. et Jonas, W. B. (2002). Deconstructing the placebo effect and finding the meaning response. *Annals of Internal Medicine* 136, 471-476.

Moerman, D. E. (2013). Against the 'placebo effect' : A personal point of view. *Complementary Therapies in Medicine* 21, 125-130.

Morange, M. (2005). *Les secrets du vivant : contre la pensée unique en biologie*. Paris, La Découverte.

Nathan, T. et Stengers, I. (2012 [1995]). *Médecins et sorciers*. Paris, La Découverte.

Peirce, C. S. (1978). *Écrits sur le signe*. Paris, Seuil.

Pepper, O. H. P. (1945). A note on the Placebo. *American Journal of Pharmacy* 11, 409-412.

Rey, A. (dir.) (1998). Placebo. *Dictionnaire historique de la langue française*. Paris, Le Robert.

Schenk, F. (2009). Les émotions de la raison. *Revue européenne des sciences sociales* 46 (2), 151-162.

Schwartz, M. A. et Wiggins O. (1985). Science, Humanism, and the Nature of Medical Practice : A Phenomenological View. *Perspectives in Biology and Medicine* 28, 331-361.

Snyder, S. H. et Childers, S. R. (1979). Opiate receptors and opioid peptides. *Annual Review of Neuroscience* 2, 35-64.

Sullivan, M. D. (1993). Placebo Controls and Epsitemic Control in Orthodox Medicine. *The Journal of Medicine and Philosophy* 18, 213-231.

Silverstein, M. (1976). Shifters, linguistic categories, and cultural description. In Basso, K. et Selby, H. (dir.), *Meaning in Anthropology*. Albuquerque, University of New Mexico Press.

Ten Have, H. et Spicker, S. F. (1990). Introduction. In Ten Have, H., Kimsma, G. K. et Spicker, S. F., (dir.), *The Growth of Medical Knowledge* (p. 1-11). Dordrecht, Kluwer Academic Publishers.

Tilburt J. C., Emanuel E. J., Kaptchuk T. J., Curlin, F. A. et Miller, F. G. (2008). Prescribing « placebo treatments ». Results of national surveys of US internists and rheumatologists. *BMJ* 337, a1938.

Toombs, K. S. (1992). *The meaning of Illness. A Phenomenological Account of the Different perspectives of Physician and Patient*. Dordrecht, Kluwer Academic Press.

Toulmin, S. (1993). Knowledge and Art in the Practice of Medicine : Clinical Judgment and Historical Reconstruction. In Delkeskamp-Hayes, C. et Gardell-Cutter, M. A. (dir.), *Science, technology, and the Art of Medicine. European-American Dialogues* (p. 231-249). Dordrecht, Kluwer Academic Press.

Tracey, K. et Mantyh, P. W. (2007). The cerebral signature for pain perception and its modulation. *Neuron* 55, 377-391.

Varela, F.J., Thompson, E. et Rosch, E. (1993). *L'inscription corporelle de l'esprit.* Paris, Seuil.

Volken, H. (2005). Mnémosyne érudite - la théorie comme mémoire. *Revue européenne des sciences sociales* 43 (1), 35-46.

Wolf, S. (1959). The Pharmacology of Placebos. *Pharmacological Reviews* 11, 689-704.

Symétrie

Aristote (1866). *De Caelo* (traduction Saint-Hilaire). Paris, A. Durand.

Aristote (1990). *Ethique à Nicomaque* (traduction Tricot). Paris, Vrin.

Billeter, J.-F. (2012). *Un paradigme.* Paris, Editions Allia.

Blankenburg F., Ruff C. C., Deichmann R., Rees G. et Driver J. (2006). The cutaneous rabbit illusion affects human primary sensory cortex somatotopically. *PLoS Biol* 4 (3), e69.

Borst, G. et Kosslyn, S. M. (2008). Visual mental imagery and visual perception : Structural equivalence revealed by scanning processes. *Memory & Cognition* 36, 849-862.

Cohen, S. J., Munchow, A. H., Rios, L. M., Zhang, G., Ásgeirsdóttir, H. N. et Stackman, R. W. Jr. (2013). The rodent hippocampus is essential for nonspatial object memory. *Current Biology* 23, 1685-1690.

Dennett, W. et Kinsbourne, M. (1992). Escape from the Cartesian Theater. *Behavioral and Brain Sciences* 15, 234-247.

Detienne, M. et Vernant, J.-P. (2009 [1974]). *Les ruses de l'intelligence. La mètis des Grecs.* Paris, Flammarion.

Eco, U. (1993). *De Superman au Surhomme.* Paris, Grasset.

Eco, U. (1994). *Les limites de l'interprétation.* Paris, Le livre de poche.

Edelmann, G. (1989). *The Remembered Present : A Biological Theory of Consciousness.* New York, Basic Books.

Eilam, D. et Golani, I. (1989). Home base behavior of rats (Rattus norvegicus) exploring a novel environment. *Behavioral Brain Research* 34, 199-211.

Etienne, A. et Jeffery, K. (2004). Path Integration in Mammals. *Hippocampus* 14, 180-192.

Friston, K. (2012). Prediction, perception and agency. *International Journal of Psychophysiology* 83, 248-252.

Gallagher, S. (2005). *How the body shapes the mind.* Cambridge, Cambridge University Press.

Girard, R. (1978). *Des choses cachées depuis la fondation du monde.* Paris, Grasset.

Girard, R. (2004). *Les origines de la culture.* Paris, Fayard.

Gisquet-Verrier, P., Lynch, J. F., Cutolo, P., Toledano, D., Ulmen, A., Jasnow, A. M. et Riccio, D. C. (2015). Integration of New Information with Active Memory Accounts for Retrograde Amnesia : A Challenge to the Consolidation/Reconsolidation Hypothesis ? *Journal of Neuroscience* 35, 11623-11633.

Grobéty, M.-C. et Schenk, F. (1992). The influence of spatial irregularity upon radial-maze performance in the rat. *Animal Learning & Behavior* 20, 393-400.

Hofstadter, D. et Sanders, E. (2013). *L'Analogie. Cœur de la pensée.* Paris, Odile Jacob.

Jacobs, L. F. et Schenk, F. (2003). Unpacking the cognitive map : the parallel map theory of hippocampal function. *Psychological review* 110, 285-315.

Jeannerod, M. (2009). *Le Cerveau Volontaire.* Paris, Odile Jacob.

Julien, F. (2012). *L'écart et l'entre.* Paris, Galilée.

Kupersa, R. et Ptito, M. (2004). 'Seeing' through the tongue : cross-modal plasticity in the congenitally blind. *International Congress Series* 1270, 79-84.

Lévy-Leblond, J.-M. (2006). *La vitesse de l'ombre. Aux limites de la science.* Paris, Seuil.

Lucrèce (2015). *De rerum natura* (traduction Combeaud). Bordeaux, Mollat.

Maguire, E. A., Gadian, D. G., Johnsrude, I. S., Good, C. D., Ashburner, J., Frackowiak, R. S. J. et Frith, C. D. (2000). Navigation-related structural change in the hippocampi of taxi drivers. *PNAS* 97, 4398-4403.

Mandelbrot B. (1982). *The Fractal Geometry of Nature.* San Francisco, W. H. Freeman and Company.

Monod, J. (1970). *Le hasard et la nécessité. Essai sur la philosophie naturelle de la biologie moderne.* Paris, Seuil.

Neisser, U. (1976). *Cognition and reality : principles and implications of cognitive psychology.* New York, Freeman.

Prigogine, I. et Stengers, I. (1990). *La nouvelle alliance.* Paris, Gallimard.

Prusinkiewicz, P. et Hanan, J. (1989). *Lindenmayer Systems, Fractals, and Plants*. Berlin, Springer.

Rizzolatti, G. et Sinigaglia, C. (2015). Curious book on mirror neurons and their myth : Review of Gregory Hickok's 'The Myth of Mirror Neurons : The Real Neuroscience of Communication and Cognition'. *American Journal of Psychology* 128, 527-533.

Rosen, J. (1995). *Symmetry in Science*. New York, Springer.

Schultz, W. (2007). Multiple Dopamine Functions at Different Time Courses. *Annual Review of Neuroscience* 30, 259-288.

Secrétan, P. (1984). *L'analogie*. Paris, PUF.

Sherry, D. F., Jacobs, L. F. et Gaulin, S. G. (1992). Spatial memory and adaptive specialization of the hippocampus. *Trends in Neurosciences* 15, 298-303.

Varela, F., Thompson, E. et Rosch, E. (1991). *The Embodied Mind : Cognitive Science and Human Experience*. Cambridge, MIT Press.

Science et langage

Cibois, P. (2012). Entre le latin des sciences d'autrefois et l'anglais scientifique d'aujourd'hui : le « Latino sine flexione » de Guiseppe Peano. Publié le 1er avril 2012 sur http://enseignement-latin.hypotheses.org/5001.

Dilworth, C. (2007). *Scientific Progress*. Dordrecht, Springer.

Ifrah, G. (1994). *Histoire Universelle des Chiffres*. Paris, Robert Laffont.

Kuhn, T. S. (1970). *The Structure of Scientific Revolutions*. Chicago, University of Chicago Press.

Kuhn, T. S. (1977). *The Essential Tension*. Chicago, University of Chicago Press.

Lakatos, I. (1984). *Preuves et Réfutations : Essai sur la logique de la découverte mathématique*. Paris, Hermann.

Lévy-Leblond, J.-M. (1984). *L'Esprit de Sel*. Paris, Fayard.

Mainzer, K. (2004). *Thinking in complexity*. New York, Springer.

Meinong, A. (2000). *Théorie de l'Objet et Présentation Personnelle*. Paris, Vrin.

Piccoche, J. (2002). *Robert Etymologique*. Paris, Le Robert.

Simon, H. A. (2004). *Les sciences de l'artificiel*. Paris, Gallimard.

Sklar, A. (1959). Fonctions de répartition à n dimensions et leurs marges. *Publications de l'Institut de Statistique de L'Université de Paris* 8, 229-231.

Sneed, J. D. (1979). *The Logical Structure of Mathematical Physics*. Dordrecht, Springer.

Stegmüller, W. (1976). *The Structure and Dynamics of Theories*. New York, Springer.

Tutescu, M. (2003). *L'Argumentation : Introduction à l'étude du discours*. Bucarest, Universităţii din Bucureşti Editura. Obtenu le 7 mai 2014 sur http://ebooks.unibuc.ro/lls/MarianaTutescu-Argumentation.

Van Heijenoort, J. (1977 [1967]). *From Frege To Gödel : A Source Book in Mathematical Logic, 1879-1931*. Cambridge, Harvard University Press.

Volken, H. (2000). Le syndrome du précipice. La peur du vide symbolique. *Revue Européenne des Sciences Sociales* 38 (3), 23-33.

Volken, H. (2005). Mnémosyne érudite - la théorie comme mémoire. *Revue européenne des sciences sociales* 43 (1), 35-46.

Science et connaissance

d'Aquin, T. (1994). *Somme Théologique*. Paris, Cerf.

Aristote (2010). *Les Métaphysiques* (traduction de Muralt). Paris, Les Belles Lettres.

Aristote (1995). *De anima*. In De Muralt, A., *Néoplatonisme et aristotélisme dans la métaphysique médiévale*. Paris, Vrin.

Bricmont, J. (2008). Comment justifier l'autorité scientifique ? In Compagnon, A. (dir.), *De l'autorité*. Paris, Odile Jacob.

Culioli, A. (2005). Variations sur la rationalité. *Cahiers de l'ILSL*, hors série.

Eco, U. (1994). *Les limites de l'interprétation*. Paris, Le livre de poche.

Eco, U. (1988). *Sémiotique et philosophie du langage*. Paris, PUF.

d'Espagnat, B. (2009). Préface. In Soler, L., *Introduction à l'épistémologie* (p. 3-7). Paris, Ellipses.

Gadamer, H.-G. (1996). *Vérité et Méthode*. Paris, Seuil.

Granger, G.-G. (1993). *La science et les sciences*. Paris, PUF.

Lévy-Leblond, J.-M. (1996). *La pierre de touche : la science à l'épreuve*. Paris, Gallimard.

Peirce, C. S. (1978). *Écrits sur le signe*. Paris, Seuil.

Pestre, D. (2013). *À contre-science*. Paris, Seuil.

Rey, O. (2003). *Itinéraire de l'égarement. Du rôle de la science dans l'absurdité contemporaine*. Paris, Seuil.

Soler, L. (2009). *Introduction à l'épistémologie*. Paris, Ellipses.

Supiot, A. (2005). *Homo juridicus*. Paris, Seuil.

Whitehead, A. N. (1929). *The Function of Reason*. Princeton, Princeton University Press.

Table des matières

Avant-propos

Partie I

De deux attracteurs dans le monde du savoir

Intermède

Partie II

De la science dans un monde de symboles

Épilogue

www.ingramcontent.com/pod-product-compliance
Lightning Source LLC
LaVergne TN
LVHW010922051026
849532LV00003B/804
* 9 7 8 2 8 0 6 1 0 4 3 9 7 *